NOTICES

ZOOLOGIQUES, ANATOMIQUES ET HISTIOLOGIQUES,

SUR

L'ORTHRAGORISCUS OZODURA;

SUIVIES DE

CONSIDÉRATIONS SUR L'OSTÉOGÉNÈSE DES TÉLÉOSTIENS
EN GÉNÉRAL

PAR

P. HARTING.

Publiées par l'Académie Royale des Sciences à Amsterdam.

AVEC HUIT PLANCHES.

AMSTERDAM,
C. G. VAN DER POST.
1865.

ES,

NOTICES

ZOOLOGIQUES, ANATOMIQUES ET HISTIOLOGIQUES,

SUR

L'ORTHRAGORISCUS OZODURA;

SUIVIES DE

CONSIDÉRATIONS SUR L'OSTEOGÉNÈSE DES TÉLÉOSTIENS EN GÉNÉRAL.

PAR

P. HARTING.

Publiées par l'Académie Royale des Sciences à Amsterdam.

AVEC HUIT PLANCHES.

AMSTERDAM,
C. G. VAN DER POST.
1865.

NOTICES

ZOOLOGIQUES, ANATOMIQUES ET HISTIOLOGIQUES,

SUR

L'ORTHRAGORISCUS OZODURA;

SUIVIES DE

CONSIDÉRATIONS SUR L'OSTÉOGÉNÈSE DES TÉLÉOSTIENS EN GÉNÉRAL.

PAR

P. HARTING.

I.

Le 30 Novembre de l'année passée un poisson, du genre de ceux que les pêcheurs appellent *Lunes* ou *Moles*, échoua sur la plage dans le voisinage de Helder. C'était un individu de très grande taille. Il était encore vivant, lorsqu'il fut trouvé par des pêcheurs, qui le tuèrent d'un coup de hache dans la nuque.

M. J. Sevenhuysen, apothicaire à Helder, auquel je suis déjà redevable de plusieurs autres renseignements utiles, eut la bonté de m'informer aussitôt de ce fait. Je le priai d'acheter le poisson, et, grâce à la célérité des communications par le télégraphe électrique, j'eus la satisfaction de le recevoir parfaitement frais deux jours après sa capture au laboratoire du musée zoologique de l'université.

Bien qu'on trouve consignés quelques rares exemples d'individus encore plus gros *, l'individu dont il s'agit ici, était remarquable toutefois par son

---

* Ainsi M. Steenstrup a décrit dernièrement dans *Oversigt over det Danske Vidensk. Selskabs Forhandliger*, 1863, p. 36, un poisson de ce genre, échoué à Sevedoe dans le Grand Belt, qui

6

poids et ses dimensions colossales. Il pesait 158 kilogrammes. Sa longueur, depuis la pointe du museau jusqu'à l'extrémité de la nageoire caudale était de 1,48 mètre, la hauteur, immédiatement derrière les nageoires pectorales, de 0,84 mètres. Le rapport entre la hauteur et la longueur est par conséquent 1 : 1,78. L'épaisseur du corps au dessus des yeux égalait 0,23 mètre. La distance entre le sommet de la nageoire dorsale et celui de la nageoire anale était de 1,745 mètre *.

Les poissons de cette famille ont excité de tous temps la curiosité par la singularité de leur forme. Aussi, quoique l'occasion de les observer et de les disséquer ne se présente que rarement, la littérature ichthyologique est assez riche en descriptions, faites sur des individus captivés par des pêcheurs ou jetés sur la côte. N'ayant pas le dessein d'écrire une monographie de ce groupe d'animaux, je me borne à renvoyer le lecteur, désireux d'en connaître le recensement, au mémoire de M. Camille Ranzani, *Dispositio familiae Molarum in genera et species*, publié dans les *Novi Commentarii Academiae scientiarum Instituti Bononiensis*. P. III. 1839, p. 63 †.

Il faut avouer cependant que même après cet essai de M. Ranzani de coördonner les faits épars, consignés par d'autres auteurs, il reste encore beaucoup de doutes touchant le nombre des genres et des espèces dans la famille des *Molae*. M. Ranzani y admet cinq genres et seize espèces, toutes connues des mers de l'Europe et de l'Atlantique. Mais en examinant les bases de sa disposition systématique, on arrive à conclure qu'il existe encore beaucoup d'incertitude pour plusieurs des espèces et même pour quelques-uns des genres. Parmi les espèces admises par lui il y en a qui sont fon-

---

avait une longueur de 3 aunes danoises (1,884 mètre) et un poids de 700 livres (346 kilogr.). Quoique ressemblant à certains égards à l'individu, dont je donne ici la description, il s'en distingue nettement par la prominence du museau et par l'écartement des nageoires verticales de la caudale. Selon M. Steenstrup il appartiendrait à la même espèce que celui dont Houttuyn (*Natuurlijke Historie*, Dl. I, p. 494, T. LXVIII, fig. 7) a donné une figure, ainsi que la *Mola altera* de Plancus, que M. Ranzani a nommé *Diplanchius nasus*, nom auquel M. Steenstrup substitue celui de *Mola nasus*.

* Ces diverses dimensions ont diminué d'environ ¼ dans la peau bourrée, conservée au musée, par l'effet de la dessiccation.

† La plupart des auteurs antérieurs sont aussi cités dans la Dissertation inaugurale de M. P. H. J. Wellenbergh, *Observationes anatomicae de Orthragorisco Mola*, Lugduni Batavorum 1840. — Quelques autres sont encore indiqués dans la notice de M. Steenstrup, que je viens de citer.

dées sur un seul individu, décrit par quelque naturaliste, qui lui-même ne connut l'objet que longtemps après la mort, quelquefois uniquement par la peau desséchée, conservée dans quelque musée. Nul compte n'a été tenu des variations et des modifications, apportées par l'âge, le sexe et d'autres circonstances. Quant aux figures publiées jusqu'ici, on y reconnaît aisément, que la plupart d'entre elles ont été exécutées avec très peu de soin, souvent d'après la peau bourrée ou simplement desséchée. Or quiconque a examiné ces poissons sait que leur peau, d'une épaisseur très inégale aux diverses parties du corps, est imbibée d'une grande quantité d'un liquide séreux, de sorte que non seulement elle se contracte très fortement, mais aussi d'une manière inégale, à moins qu'on n'y apporte des soins minutieux. Le rapport entre les dimensions diverses se trouve alors changé, et il serait peut-être très difficile de reconnaître l'espèce dans ces formes, rendues ainsi monstrueuses, et où de plus la couleur a presque totalement disparu ou est au moins très altérée.

La figure ci-jointe (Pl. I) a été faite d'après l'objet à l'état frais, et mérite par conséquent une confiance entière. Je crois en effet que le seul moyen pour parer à la confusion, qui existe encore dans la disposition systématique de cette famille de poissons, consiste dans l'exécution de dessins exacts, rendant bien tous les détails de la forme et de l'aspect extérieur. De simples descriptions ne sauraient y suffire. Ajoutons tout d'abord que l'individu en question était une femelle, mais dont l'ovaire et les oeufs étaient dans un état très peu développé.

Parmi les diverses espèces décrites il n'y en a qu'une seule, qui puisse être considérée comme étant très probablement identique avec celle, à laquelle le poisson, dont il s'agit ici, doit être rapporté. C'est l'*Ozodura Orsini* Ranz. Elle est décrite et figurée d'après un seul individu, provenant de la mer Adriatique, et dont la peau est conservée au musée de l'université de Bologne. Sa longueur totale, en y comprenant celle de la nageoire caudale, est de 1 pied, 9 pouces et 7 lignes ($0^m,547$), sa hauteur à l'endroit où celle-ci est la plus grande est de 11 pouces et 6 lignes ($0^m,292$). Le rapport entre ces deux dimensions est de $1:1,84$, c'est à dire que la hauteur relative est un peu plus petite que celle du poisson qui fait l'objet de cette notice, mais qui était beaucoup plus gros et par conséquent plus âgé.

M. Ranzani définit le genre *Ozodura* de la manière suivante:

Maxillae ambae indivisae; foramen unius cujusque branchiae haud duplex; pinna caudali ossiculis triangularibus ad marginem quasi redimita.

6*

C'est uniquement par cette dernière particularité, à laquelle nous reviendrons, que le genre *Ozodura* Ranz. se distingue du genre *Orthragoriscus* Bloch-Schneid. Nous verrons que c'est là un caractère tout à fait insuffisant pour en faire la base d'une coupe générique.

Les caractères de l'espèce, *O. Orsini* Ranz., sont:

Corpus oblongum, scabrum, fuscum, supra maxillam superiorem tuberculum in discum osseum desinens, dorso limbo acutum; pinnae pectorales rotundatae, ad partem posticam basis sinuosae; pinna analis et dorsalis in extremitate trunci sitae; caudalis mediocris fere membranacea, pellucida, radiis cartilaginibus rarioribus, ossiculis triangularibus cute vestitis ad marginem veluti redimita.

La formule des rayons des nageoires est:

P. 12.   D. 16.   A. 14.   C. 14.

La description suivante fera voir que, bien qu'il existe quelques petites différences, la plupart de ces caractères se retrouvent dans l'objet dont il s'agit ici.

Les figures Pl. I et Pl. II fig. 1, dont la dernière représente l'animal vu par sa face antérieure, me dispensent d'une description détaillée de sa forme extérieure. Seulement je dois appeler l'attention sur l'asymétrie des deux côtés, ainsi que cela se voit immédiatement en regardant la figure en face (Pl. II, fig. 1). Voici de plus quelques nombres, qui en donnent la mesure:

	Côté droit.	Côté gauche.
Distance de l'oeil de la crête de la tête. , . .	114 millim.	129 millim.
" " la fente branchiale de la crête du dos.	225 "	278 "
" " la base de la nageoire pectorale de la crête du dos	320 "	352 "

Cette asymétrie se retrouve aussi dans la portion antérieure du squelette; la figure 1, Pl. VII, montre une des vertèbres dorsales, vue par sa face concave postérieure. Ni l'axe central passant par le corps de la vertèbre, ni l'axe du canal contenant la moëlle épinière, ni la ligne médiane, où les deux neurapophyses se rencontrent, sont situés dans le même plan; le tout est dévié vers le côté gauche, de même que les organes extérieurs. Mais toute la portion postérieure du squelette, c'est à dire sa plus grande partie, est parfaitement symétrique.

Il va sans dire que cette asymétrie n'appartient aucunement à l'espèce. Je crois qu'elle est le seul effet de l'âge et de l'habitude du poisson de se tenir couché par le flanc droit sur le fond de la mer. Ces poissons ne possèdent pas une vessie natatoire; leur seul moyen de se tenir en équilibre consiste par conséquent dans le jeu continuel de leurs nageoires verticales, qui en effet sont très grandes, mais placées à l'extrémité du tronc, c'est à dire d'une manière très désavantageuse pour maintenir la partie antérieure du corps dans une position verticale. Aussitôt que l'action musculaire, qui fait mouvoir les nageoires, cesse, l'animal doit nécessairement se tourner sur sa surface la plus grande, de sorte que l'un des flancs regarde en haut. Cela arrive toujours lorsque ces poissons dorment ou qu'ils se reposent dans la vase *. On ne saurait certainement dire pourquoi l'individu que nous décrivons ici, s'est de préférence couché sur le flanc droit, mais un autre fait vient corroborer ce que nous avons déjà déduit tant de la forme extérieure que de la structure intérieure du squelette. Ce fait c'est que la couleur de la peau est beaucoup plus foncée au flanc gauche qu'au flanc droit, où elle est même presque blanche. Cette dernière observation démontre clairement qu'il s'agit ici d'un fait du même ordre, que celui de l'asymétrie bien connue des Pleuronectes. M. Van Beneden a découvert que l'embryon de ces derniers, en quittant l'oeuf, est symétrique comme les autres poissons. Par conséquent la seule différence entre les Pleuronectes et le poisson qui fait le sujet de cette notice, est que l'asymétrie s'est développée à un âge plus avancé dans celui-ci. Aussi s'est-elle bornée à un léger déplacement des organes, tandis que dans les Pleuronectes, où l'asymétrie commence à se manifester dès le jeune âge, toutes les parties antérieures du corps se déplacent tellement que les yeux finissent par occuper le même côté, soit gauche ou droit, suivant les espèces. Probablement cette asymétrie se rencontrera aussi dans d'autres individus, ayant atteint une certaine grosseur. C'est pourquoi j'ai cru devoir appeler l'attention des naturalistes sur cette particularité.

Retournons maintenant à la description de l'aspect extérieur du poisson.

La peau est rugueuse et parsemée d'aspérités osseuses, mais de plus elle possède un grand nombre de plis, lesquels, en guise de petites crêtes, s'élèvent à sa surface, quelques-uns jusqu'à une hauteur de presque un centimètre.

---

* L'habitude de ces poissons de ce genre de dormir en cette position a été constatée par Brüniche, cité par Bloch, *Naturgeschichte der ausländischen Fische,* I, p. 76.

La. forme, la direction et la distribution de ces plis sont très irrégulières. Les plis les plus forts se trouvent au milieu des deux flancs; la tête et la gorge en sont aussi pourvues, mais les nageoires, quoique revêtues d'une peau rugueuse, ressemblant à celle du corps, en sont dépourvues, et ils manquent aussi absolument à la partie postérieure du corps, là où une bande très foncée s'étend depuis la nageoire dorsale jusqu'à la nageoire anale, en bordant la nageoire caudale. Ceci mérite d'être remarqué, puisque parmi les caractères considérés comme spécifiques, on a indiqué la présence d'une bande plissée, située justement en cet endroit. Ce sont les espèces, auxquelles M. Ranzani a donné les noms de *Orthragoriscus Ghini* et *O. Rondelettii*, et, bien que cet auteur n'en fasse pas mention, on voit aussi dans la figure que Retzius * a donnée de son *Tetrodon Mola* (*Orthragoriscus Retzii* Ranz.), une telle bande, fortement plissée dans tout son parcours. Elle se rencontra encore dans une des deux espèces, décrites par Houttuyn, la même que M. Steenstrup a depuis nommée *Mola nasus* †. L'absence totale de plis dans cette région, telle que cela se voit dans notre poisson, doit par conséquent être considérée comme un caractère différentiel de quelque importance.

La peau s'élève le long du dos en une crête verticale, qui atteint jusqu'à 4 centimètres de hauteur. Postérieurement elle se confond avec la nageoire dorsale. Antérieurement elle aboutit à une sorte de disque osseux, ayant un diamètre de 5 centim., situé au dessus de la machoire supérieure et n'en étant séparé que par un intervalle de 1,5 centim. Ce disque osseux donne au museau de l'animal une certaine ressemblance avec celui de quelques mammifères fouisseurs à nez prominent et tronqué. Il est mobile et tout à fait séparé des pièces osseuses ou cartilagineuses, appartenant. à la partie antérieure ou faciale du crâne. C'est par conséquent une production entièrement dermique, tout comme les petites plaques osseuses dispersées dans la peau. Aussi y a-t-il encore d'autres endroits où l'ossification de la peau a pris une plus grande extension. A la gorge et le long de la ligne médiane du ventre on remarque çà et là des pièces osseuses ayant une figure irrégulière. Dans chacune des sinuosités de la nageoire caudale, qui sont au nombre de sept,

---

* *Der Kön. Schwed. Akademie neue Abhandlungen, für das Jahr* 1785, übersetzt von A. G. Kästner und J. D. Brandis, Bd. VI, p. 111. Tab. IV.

† Voyez la note à la page 1 et suiv.

se trouve une pièce osseuse triangulaire, bordée par la peau. Ce sont les pièces, auxquelles M. Ranzani a accordé une si haute importance, qu'il y a vu un caractère suffisant pour séparer son genre *Ozodura* du genre *Orthragoriscus*, avec lequel il a tous les autres caractères en commun. La raison pourquoi M. Ranzani s'est cru autorisé à cette séparation n'est autre que l'idée pré- conçue que ces septs pièces osseuses sont des rudiments de vertèbres cau- dales, qui n'ont fait que changer de place *. C'est certainement une erreur. En réduisant ces pièces osseuses à leur valeur véritable, c'est à dire à de simples productions dermiques, la raison qui a fait admettre le genre *Ozodura* a cessé d'exister. Elles constituent tout au plus un caractère spécifique, qui même pourrait bien se retrouver, fût-ce à un moindre degré, dans d'autres espèces †. Quoiqu'il en soit, je désignerai dorénavant l'espèce dont il s'agit ici par le nom de *Orthragoriscus ozodura*.

La peau à l'état frais était très muqueuse. Sa couleur était telle qu'elle est représentée dans la planche 1, c'est à dire que le dos et la partie posté- rieure du corps, bordant la nageoire verticale, étaient d'un noir foncé, tirant quelque peu sur le violet; les flancs étaient comme marbrés de noir, de gris et de blanc; cette dernière couleur dominait tout à fait au ventre, et, ainsi que je l'ai déjà dit, au flanc droit de l'animal. Partout où la couleur blanche se trouvait, la surface avait un aspect argentin, produit par la présence des mêmes cristaux microscopiques, qui se retrouvent en un grand nombre d'autres poissons, tant à la surface qu'à l'intérieur de quelques organes. Lorsque la peau était encore fraîche, elle resplendissait partout où elle était revêtue de cet enduit cristallin. C'était cependant un simple effet de réflexion. Dans l'obscurité on n'apercevait aucune trace de phosphorescence à sa surface ex- térieure. J'insiste sur ce fait, puisque plusieurs auteurs ont dit le contraire, quoique, à ce qu'il paraît, sans l'avoir vu eux-mêmes, mais seulement comme l'ayant entendu raconter par les pêcheurs. Aussi a-t-on cru devoir chercher l'origine du nom de *lune* dans cette propriété du poisson de luire comme

---

* L. c. p. 70.

† Dans la figure du squelette du poisson, dont Mr. Wellenbergh a donné la description anato- mique, on remarque aussi des ossifications aux mêmes endroits, quoique beaucoup plus petites, ainsi que l'individu lui-même. Je soupçonne en effet que c'était la même espèce que celle décrite dans cette notice, mais plus jeune. Je dois cependant ajouter que la *Mola naous* de Mr. Steen- strup a aussi des plaques osseuses dans les sinuosités de la nageoire caudale. C'est par consé- quent un caractère commun à plus d'une espèce.

notre satellite. Je n'oserais pas affirmer que cela ne puisse jamais avoir lieu, mais ce qui est certain c'est que, lorsque la surface intérieure de la peau détachée du corps, ainsi que le squelette entier, resplendissait dans l'obscurité d'une très forte lueur phosphorique, la surface extérieure de la peau n'en reproduisait aucune, mais demeurait au contraire totalement invisible.

Les nageoires pectorales sont arrondies. Le nombre des rayons y est de 11, dont le 5me a la plus grande longueur. L'épaisseur du premier des rayons à la base est de 1 centimètre; ceux qui suivent sont de plus en plus minces. Les deux premiers rayons sont simples; les autres sont divisés à leur sommet en plusieurs branches arquées.

Les nageoires dorsale et anale sont situées tout à fait à l'extrémité du corps. Leur bord postérieur se prolonge à la base dans la nageoire caudale. Le nombre des rayons dans les deux nageoires verticales est identique, savoir 17. Ainsi que ceux de la nageoire pectorale, les rayons de la portion postérieure se divisent à leur sommet en un certain nombre de branches arquées, dont la courbe se dirige en arrière. Plusieurs de ces branches sont bifurquées, et leur nombre total s'élève jusqu'à 15 pour un seul rayon. L'épaisseur des divers rayons diminue assez régulièrement d'avant en arrière. Tous sont simplement cartilagineux. Nous reviendrons cependant sur leur structure intime, en parlant du squelette. Dans la nageoire dorsale le premier des rayons a une épaisseur de 3,8 centim., le dernier de 0,9 centim. Les 7me et 8me rayons sont les plus longs. Le premier rayon n'arrive qu'à environ $^1/_4$ de la hauteur totale de la nageoire. Les derniers rayons sont encore beaucoup plus courts, notamment le 17me, qui n'a que tout au plus $^1/_{10}$ de la hauteur de la nageoire.

Quoique le nombre des rayons dans la nageoire anale soit égal à celui de la nageoire dorsale, ils en diffèrent un peu par l'épaisseur et la longueur par rapport à la hauteur de la nageoire, ce qui donne à celle-ci une forme quelque peu différente. Le premier des rayons est très fort, son diamètre à sa base étant de 4,9 centim., il se continue dans la nageoire jusqu'à environ $^1/_4$ de sa hauteur. Le 6me rayon parvient jusqu'au sommet de la nageoire et est par conséquent le plus long entre tous. L'épaisseur des rayons diminue jusqu'au 15me et 16me dont le diamètre n'est que de 5 à 6 millimètres. Ceux-ci sont suivis de deux rayons un peu plus gros mais très courts, ne se prolongeant presque pas dans la portion membraneuse de la base de la nageoire, de sorte qu'ils étaient à peine visibles dans l'objet avant que la peau fut enlevée. Ces deux derniers rayons ont une épaisseur de 10 et de 15 millim.

La nageoire caudale est très épaisse, nullement membraneuse, de sorte qu'à l'état frais on n'y distinguait aucun des rayons. En dessèchant, la nageoire devient cependant assez transparente pour les apercevoir à travers la peau. On en compte 12, tous simples, qui s'étendent jusqu'au bord de la nageoire. Aux endroits où celle-ci se confond avec les bases des deux nageoires verticales, se trouve encore un tubercule cartilagineux qui peut être considéré comme le représentant d'un rayon, de sorte que le nombre total s'élève alors à 14.

Il résulte de ce qui précède que la formule des rayons est:

P. 11. D. 17. A. 17. C. 14.

Les ouvertures branchiales, situées à une petite distance du bord antérieur des nageoires pectorales, sont arquées. Leur hauteur n'est que de 7 centim., c'est-à-dire $^1/_{12}$ de la hauteur du corps en cet endroit.

Les ouvertures pour les yeux sont circulaires. Leur diamètre est de 5,5 centimètres. La portion intérieure de l'iris, environnant la pupille, est argentée; la portion extérieure est colorée en noir.

Les narines, situées à un quart de la distance depuis le bord extérieur de l'oeil jusqu'au bord du disque osseux qui termine le museau, sont très petites, si petites même que dans la peau dessèchée on ne les aperçoit qu'avec quelque difficulté. Ceci explique pourquoi PLANCUS [*] ne les a pas aperçues dans un plus petit individu du même genre. Elles ont en effet, comme dans les autres poissons, deux ouvertures, séparées par une distance d'environ 2 millim.

La bouche a la figure ordinaire de celle des poissons de cette famille. Elle est très peu fendue, son diamètre transversal n'étant que de 8,5 centim., équivalent à $^1/_{10}$ de la hauteur du corps. Les mâchoires, recouvertes par les plaques dentaires bien connues, ne sont pas divisées. Les tubercules dentaires, qu'on a remarqués en d'autres espéces derrière les mâchoirès, n'existent pas dans celle-ci.

En comparant cette description à celle que M. RANZANI à donnée du poisson de la mer Adriatique, qu'il a nommé *Ozodura Orsini*, on ne saurait presque douter de l'identité de l'espèce. Les rapports entre la hauteur du corps et

---

[*] *Acta Bonon.*, II. p. 297.

sa longueur (1 : 1,84 et 1 : 1,78) diffèrent trop peu pour qu'on ne puisse attribuer la différence soit à l'âge ou au sexe, soit, ce qui est le plus probable, à la circonstance que M. Ranzani a examiné le poisson à l'état desséché.

Quant à la couleur du corps, dite *fuscus* par M. Ranzani, on ne saurait en inférer absolument rien, à cause de la facilité avec laquelle elle s'altère après la mort, surtout après la dessiccation. Il en est de même de la nageoire caudale, qui est appelée membraneuse et transparente dans l'objet décrit par ce naturaliste, tandis que je la trouvai épaisse et sans transparence aucune, ce qui s'explique d'abord par l'état frais de celui que j'ai examiné et puis par son âge beaucoup plus avancé.

Les formules indiquant le nombre des rayons des nageoires offrent aussi une légère différence, mais qui cependant n'est pas plus grande que celle qu'on observe souvent en d'autres poissons appartenant à la même espèce. Ajoutons qu'il est très difficile d'en faire le dénombrement exact, à cause de l'état rudimentaire de quelques-uns de ces rayons, à moins qu'on n'enlève la peau.

Tous les autres caractères plus importants concordent parfaitement : le tubercule se terminant par un disque osseux au-dessus de la mâchoire supérieure, la crête que la peau forme le long du dos, les nageoires pectorales arrondies, la position des nageoires dorsale et anale à l'extrémité du tronc et leur réunion par la base à la nageoire caudale, enfin la présence de pièces osseuses triangulaires dans cette dernière; tout cela est égal dans les deux objets.

Il paraît par conséquent dûment constaté que l'espèce à laquelle M. Ranzani a donné le nom d'*Ozodura Orsini*, mais qui pour des raisons données plus haut (p. 7) ne saurait constituer un genre à part et que j'appelle donc *Orthragoriscus Ozodura*, vit tant dans la mer du Nord que dans la Méditerranée. La description que je viens de donner prouve en même temps que cette espèce peut atteindre des dimensions colossales dans la mer qui baigne nos côtes. La cause qu'on ne l'a pas plutôt indiquée comme appartenant à notre faune maritime ni à celle d'autres pays limitrophes, doit être cherchée probablement dans la réunion d'espèces vraiment différentes (*O. Ozodura, Blochii, Retzii* et celle que M. Steenstrup vient de nommer *Mola nasus*) [*],

---

* Le nom générique de *Mola* est certainement antérieur à celui d'*Orthragoriscus*, puisqu'on le rencontre déjà dans les écrits des anciens ichthyologistes. Cependant je préfère le dernier, en conservant le nom de *Molae* pour la famille à laquelle ce genre appartient.

sous le nom collectif d'*Orthragoriscus Mola*. Quoique, à ce qu'il paraît, c'est ordinairement le *O. Blochii* qu'on désigne par ce nom, il vaudra certainement mieux ne l'employer plus du tout, afin d'éviter dorénavant toute confusion.

Il y a cependant encore une objection, qu'on pourrait faire avant d'admettre l'existence d'un tel nombre d'espèces différentes de *Molae* dans nos mers. C'est la possibilité de l'altération des caractères extérieurs par l'âge ou d'autres causes. En effet il est certain qu'une espèce ne saurait être bien déterminée, à moins qu'on ne connaisse tous les changements que l'âge, le sexe et diverses circonstances peuvent y apporter. Lorsqu'un individu d'une aussi grande taille, tel que celui que nous venons de décrire, est regardé comme une espèce encore inconnue dans une région de la mer dont la faune est si bien connue à d'autres égards, on est donc en droit de l'accueillir avec une certaine réserve. Ce ne serait pas la première fois qu'on se serait trompé à cet égard. Je ne cite que l'exemple bien connu du *Salmo salar*.

Il est certainement bien difficile, lorsqu'il s'agit d'un genre dont les individus sont si rares que ceux du genre *Orthragoriscus*, de se prononcer avec quelque certitude sur les changements qu'ils peuvent subir. Cependant il n'est pas probable que ces changements seront beaucoup plus grands que ceux que subissent d'autres espèces de poissons. C'est par exemple très invraisemblable que l'âge ou d'autres circonstances feront varier notablement les dimensions relatives des différentes parties du corps, le rapport entre la hauteur et la longueur, l'emplacement des nageoires verticales, la forme des nageoires pectorales etc., ce qu'il faudrait pourtant admettre si tous les poissons qu'on a compris dans le nom collectif d'*Orthragoriscus Mola*, appartenaient à la même espèce.

Quant à l'*Orthragoriscus Ozodura*, il me semble très probable que l'individu beaucoup plus petit qui a aussi été pris dans la mer du Nord et décrit par M. Wellenbergh, est de la même espèce. Or puisque l'individu décrit sous le nom de *Ozodura Orsini* par M. Ranzani est de même beaucoup plus petit que l'individu dont j'ai donné la description, mais lui ressemble par tous les caractères importants, on peut conclure que pour cette espèce au moins les individus de taille moyenne et ceux qui ont acquis des dimensions colossales ne présentent pas des différences très notables.

Il y a encore un autre fait qui vient corroborer l'opinion que la différence de l'aspect extérieur des poissons de ce genre à des âges différents n'est pas plus grande que celle qu'on rencontre ordinairement dans les poissons appartenant à d'autres genres. Parmi des objets d'histoire naturelle que M. le capitaine KRUISINGA m'a rapportés d'un voyage aux Indes orientales, se trouve aussi un individu très jeune et par conséquent très petit de l'*Orthragoriscus oblongus*. Ce petit poisson, dont j'ai donné la figure en grandeur naturelle (Pl. II. fig. 2), long seulement de 6 centim. et haut de 2 centim., avait été trouvé par lui dans l'estomac d'un Thon capturé dans l'Atlantique. A l'exception des nageoires, dont la partie membraneuse avait disparu en partie, il n'avait aucunement souffert par son séjour dans l'estomac de ce poisson. Or en confrontant sa figure avec celle de la même espèce donnée par M. YARRELL, on verra tout de suite que les deux figures se ressemblent tellement, au moins quant aux contours, qu'elles paraissent comme calquées l'une sur l'autre. Le front est un peu plus bombé dans le jeune individu; c'est là l'unique différence.

II.

L'anatomie des poissons de ce genre a déjà été faite plusieurs fois. Aussi pourrait-il paraître superflu d'y revenir encore. Cependant en comparant les résultats de ma dissection à ceux obtenus par d'autres naturalistes, je me suis bientôt aperçu, qu'il y avait encore quelques lacunes à remplir et même quelques erreurs à corriger. Les notices qui suivent pourront y contribuer.

1. Le *derme*. — L'épaisseur très grande du derme a déjà été remarqué par tous ceux qui ont eu l'occasion de l'examiner. Dans un très grand individu disséqué en 1840 par Mr. GOODSIR *, elle était en quelques endroits du corps jusqu'à 6 pouces anglais. Dans l'individu décrit ici cette épaisseur n'excédait pas 8 centim. à la région antérieure et inférieure du ventre. A

---

* *Edinburgh Philosophical Journal.* XXX. p. 188.

tous les autres endroits le derme était plus mince, surtout aux flancs, où son épaisseur n'était que d'environ 0,5 centim.

Il était parfaitement blanc, très élastique et résistant et ne contenait aucune trace de graisse. Mais par contre la quantité d'un fluide séreux ou de lymphe, qui s'y trouvait contenu, était tellement grande, qu'il fallait recourir a des moyens ordinairement peu usités en des cas pareils, — tel que le saupoudrement plusieurs fois répeté avec du gypse anhydre, l'immersion dans l'alcohol, — pour parvenir à l'en priver assez avant le bourrage, que le dessèchement complet put s'effectuer sans décomposition par la chaleur, qui seule n'y aurait pas suffi.

L'examen microscopique du derme a déjà été fait par M. TURNER [*]. Comme lui je le trouvai composé de fibres très distinctes et séparées les unes des autres, non réunies en faisceaux, tels que ceux qui constituent ordinairement le tissu conjonctif qui forme la majeure partie du derme de la plupart des autres animaux vertébrés. Ces fibres se croisent et s'entrelacent en tous sens et de là résulte un tissu aréolaire, dont les mailles étaient remplies de fluide, qui en découlait partout où le scalpel avait pénetré. Je n'y aperçus qu'un très petit nombre de vaisseaux.

En traitant ce tissu par l'acide acétique concentré et par la potasse caustique, on s'aperçoit aussi que ces fibres diffèrent de celles du tissu conjonctif ordinaire. Ces réactifs n'ont d'abord aucune action sur ces fibres, et ce n'est qu'après un séjour prolongé de plusieurs heures, qu'elles y perdent leurs contours distincts et finissent par disparaître. En ceci elles ressemblent plutôt aux fibres du tissu élastique, quoique la résistance de celles-ci aux réactifs susmentionnés soit encore plus grande. Elles en diffèrent aussi par des contours moins noirs, vus à la lumière transmise, ce qui indique un pouvoir réfringent moindre.

L'action de l'eau bouillante sur cette substance amène aussi à conclure qu'elle est différente tant du tissu conjonctif que du tissu élastique. Il fallait une ébullition prolongée de vingt heures avec de l'eau pour faire dissoudre la majeure partie du tissu. Les masses floconneuses, qui y avaient échappé, se montraient alors au microscope comme ayant perdu toute struc-

---

[*] *On the structure and composition of the Integument of the Orthragoriscus Mola. Natural History Review.* April 1862, p. 185.

ture, hormis les parois de quelques vaisseaux, qui ne paraissaient avoir subi presque aucune altération. La partie dissoute donna un précipité très abondant avec une solution de tannine. Cette réaction paraîtrait indiquer la présence de la gélatine, mais la liqueur refroidie ne se prit aucunement en gelée, ce qui cependant aurait dû arriver, si la substance dissoute était de la gélatine ordinaire, puisque la quantité de l'eau employée par rapport à celle de la substance dissoute était trop petite pour s'y opposer. M. Turner dit avoir obtenu une gélatinisation en chauffant le derme, non dans de l'eau, mais dans son propre fluide. Je n'ai pas répété cette observation, mais même en admettant qu'elle soit correcte, il est clair cependant que, puisqu'il suffit de bouillir le tissu conjonctif ordinaire avec de l'eau simple pour obtenir le même effet, il existe une différence chimique notable entre ces deux tissus.

M. Turner a aussi remarqué qu'on ne trouve dans le derme de ce poisson aucune trace de ces cellules radiées, qu'on est convenu d'appeler les corpuscules du tissu conjonctif. Je puis confirmer cette absence, mais avec une certaine restriction. Ces cellules ne se trouvent pas dans la masse du tissu, mais on les rencontre dans sa partie intérieure, surtout à la tête, où le dernier est en contact immédiat avec le crâne et en constitue le périoste. Nous reviendrons à ce sujet, en traitant du squelette.

En résumé, on peut dire que le derme a quelques-unes des propriétés du tissu conjonctif, mais que sa nature se rapproche aussi du tissu élastique, de sorte que les propriétés qui dans le derme des animaux supérieurs appartiennent aux deux parties élémentaires qui le composent, sont ici réunies dans un seul tissu.

2. *La cavité de la bouche.* — La surface interne de la bouche et du pharynx est tapissée d'une peau mamelonnée et rugueuse en plusieurs endroits par suite de la présence d'aspérités osseuses. Elle ressemble en effet beaucoup à la peau extérieure, la couleur exceptée. A l'endroit où le pharynx se continue dans l'oesophage, se trouvent deux éminences ou tumeurs, formées par un tissu laxe et peu résistant, dont chacune porte 3 rangées de dents coniques et très pointues (Pl. III, fig. 7). Chaque rangée en compte 5 ou 6, et leur longueur s'élève jusqu'à 1 centim. Leur base est insérée dans la membrane muqueuse des éminences, sans aucune adhérence aux pièces solides voisines, de sorte que ces dents sont mobiles en différents sens.

Domsma *, qui, étant chirurgien de la marine et se trouvant à bord d'un vaisseau en 1757 dans la Méditerranée, eut l'occasion d'examiner et de disséquer un poisson de ce genre immédiatement après la mort, remarqua aussi ces dents pharyngeales, et il paraît même qu'il observa leur mouvement actif †.

3. Le *canal alimentaire*. — En ouvrant le sac péritonéal, dans lequel les intestins sont contenus, une très grande quantité d'un fluide séreux s'échappa. Ce fluide était parfaitement incolore, transparent et limpide, nullement sanguinolent, ainsi que M. Cleland § l'a trouvé, ce qui probablement était causé par un état maladif, car Cuvier **, en faisant mention du même liquide, le compare aussi à de l'eau salée et limpide. Au reste le fait que plusieurs anatomistes ont rencontré ce fluide dans le sac péritonéal de différents individus, démontre que sa présence est normale et propre à l'espèce. C'est le même liquide, c'est-à-dire de la lymphe, que celui qui remplit aussi les interstices des mailles fibreuses du derme.

Tous les naturalistes qui ont disséqué ces poissons, ont été frappés de l'épaisseur des parois du tube intestinal. En effet je ne connais aucun animal dont les intestins ont des parois aussi épaisses. Aussi le tube entier conserve sa forme lorsqu'il est vide. Il était rempli en grande partie d'une substance muqueuse, tout-à-fait amorphe. L'inspection microscopique n'y faisait découvrir aucune trace de restes d'aliments. Un assez grand nombre d'entozoaires, nématodes et cestoïdes, s'y trouvait dispersé.

---

* *Beschrijving van eenen Zonnevisch*, dans les *Verhandelingen uitgegeven door de Hollandsche Maatschappij der Wetenschappen*, Dl. XII, bl. 313. La description très incomplète et la figure très mauvaise ne permettent pas d'en indiquer l'espèce avec certitude. Cependant elle semble se rapprocher le plus de l'*O. Ozodura* par la forme de la tête et du museau.

† Voici ce qu'il en dit: « Den geheelen visch geopend hebbende, vonden wij in denzelven, en wel eerst in de holligheid des monds, twee zeer groote Amandelen, behoorlijk geplaatst, en voorzien met zeer scherpe steekende Prikkels, zoo groot als een gemeene Speld, zoodanig van natuur, dat zij zich lieten uittrekken en ineendringen, en konden zich ook van zelfs stijf omhoog overeinde zetten, wanneer zij staken."

§ *On the Anatomy of the short Sunfish* dans le *Natural History Review*, 1862, p. 183.

** Dans l'*Histoire naturelle des Poissons*, par Lacépède, I, p. 518. La description anatomique qui s'y trouve, a été faite d'après les notices de G. Cuvier.

La longueur totale du tube intestinal, depuis l'entrée de l'ocsophage jusqu'à l'anus, était de 5,2 mètres. Le rapport entre cette longueur et celle de l'animal entier, y comprise la caudale, est par conséquent 1 : 3,6. Pour le rapport entre la longueur du tube intestinal et la hauteur du corps on trouve 1 : 6,1.

Dans l'individu dont M. **Wellenbergh** a publié l'anatomie, et qui avait une longueur de $0^m,953$, celle du tube intestinal était de $4^m,092$, ce qui conduit au rapport 1 : 4,5 *. La différence très notable qui existe entre ce rapport et celui que j'ai trouvé, pourrait indiquer une différence spécifique, à moins qu'elle ne soit l'effet de l'âge, comme nous le verrons bientôt pour le rapport entre le volume du cerveau et la grandeur de la cavité du crâne.

Un très grand individu, appartenant au même genre mais dont l'espèce n'est pas indiquée, fut pris par M. R. **Swinhof** †, dans la rivière Tamsuy, débouchant dans la mer de Chine. La longueur totale était de 5 pieds anglais et 6 pouces ($1^m,68$), et celle du tube intestinal de 21 pieds ($6^m,41$). Le rapport est de 1 : 3,8, ce qui s'éloigne peu du rapport trouvé par moi.

Cependant il y a une particularité mentionnée dans la courte notice sur ce poisson donnée par Mr. **Swinhof**, laquelle, si elle se confirme, l'éloignerait beaucoup de toutes les autres espèces dont l'anatomie a été faite. C'est la présence d'un coecum, long de 3 pouces et demi et large de 2 pouces, situé à 9 pouces de l'extrémité anale. Ce seroit en effet un exemple très singulier d'une conformation différente dans un même genre d'animaux. Aussi je conserve encore quelques doutes touchant l'exactitude de cette observation. L'ovaire occupe la place indiquée comme celle du coecum par M. **Swinhof**, et quand cet ovaire n'est pas développé, — ainsi que cela avait aussi lieu dans l'objet qui fut disséqué par moi, — un naturaliste voyageur, dépourvu de toutes les facilités que possède celui qui travaille dans un laboratoire anatomique, peut aisément s'y méprendre.

La forme du canal intestinal est à-peu-près celle d'un cylindre, dont la portion qui paraît répondre à l'estomac, ne se distingue du reste du canal que par une largeur un peu plus grande, et par un très faible étranglement à l'endroit du pylorus.

La longueur de l'estomac est de 27 centim., son diamètre est de :

---

* L. c. p. 26.

† *Annals and Magazine of Natural History.* Vol. XII. Sept. 1863. p. 225.

4,1 centim. au cardia.
6,4　　″　dans la partie moyenne.
5,2　　″　au pylorus.

Voici les diamètres du tube intestinal, faisant le prolongement immédiat de l'estomac:

à 0^m,5 du pylorus 5,1 centim.
″ 1 ,0 ″　″　5,0 ″
″ 1 ,5 ″　″　3,6 ″
″ 2 ,0 ″　″　3,8 ″
″ 2 ,5 ″　″　4,5 ″
″ 3 ,0 ″　″　3,8 ″
″ 3 ,5 ″　″　3,4 ″
″ 4 ,0 ″　″　3,3 ″
″ 4 ,5 ″　″　4,1 ″

Quant à la structure des parois du canal alimentaire, je n'ai rien à ajouter à la description que M. WELLENBERGH en a déjà donnée. Comme lui j'ai trouvé les papilles les plus longues dans l'estomac. M. CLELAND prétend que celles qui occupent la portion suivante de l'intestin sont les plus grosses, ce qui n'est pas d'accord avec mon observation.

4. Le *foie* très massif ne présente presque pas de division lobulaire. Dans sa concavité postérieure la vésicule du fiel est logée. Elle est pyriforme, son diamètre longitudinal étant de 16 centim., le diamètre transversal de 10,5 centim. Son volume entier surpasse celui de la vésicule du boeuf. Le poids total du foie et de la vésicule remplie de fiel était de 4,5 kilogr.

Le fiel était très liquide et avait une couleur verdâtre. Il paraît cependant que dans ces poissons la couleur et la consistance du fiel peuvent présenter certaines différences. DUVERNOY * le trouva »peu épais, d'un jaune gris sale." Dans le poisson, dont DOMSMA † a fait la dissection, le fiel avait une consistance si épaisse, qu'on pouvait le couper avec un couteau comme de la terre glaise. Il paraît cependant que cet individu était malade, car il ajoute que la substance du foie était extrêmement molle, tandis que dans

---

* Dans les *Leçons d'Anatomie comparée* de G. CUVIER, recueillies et publiées par lui, T. IV, p. 568.

† l. c. p. 419.

8

celui que j'ai examiné, la substance du foie était presque aussi compacte et résistante au toucher que celle du foie des mammifères.

5. La *rate* était située au côté gauche dans le voisinage de la portion du tube intestinal qui répond à l'estomac. Elle était presque parfaitement sphérique, ayant un diamètre d'environ 9 centim.; son tissu était très laxe et pulpeux.

6. Le *coeur* a déjà été plusieurs fois décrit, notamment par M. WELLENBERGH [*], qui en a aussi donné une figure. Je n'y reviendrais donc pas, ne fut-ce que certains détails de sa structure méritent d'être relevés.

La longueur du ventricule et du bulbe artériel pris ensemble est de 9 centimètres, la plus grande largeur du premier est de 6,5 centimètres.

Le nombre des valvules à l'origine du bulbe artériel à été différemment indiqué. Dans l'objet examiné par moi il y en a quatre, deux grandes et deux petites. La fig. 6, A. Pl. III les représente, vues de la cavité du ventricule dans leur position naturelle; en B elles sont représentées telles qu'on les voit, lorsque le bulbe a été ouvert par une section longitudinale.

A l'orifice qui conduit de l'oreillette au ventricule, il y a d'abord deux grandes valvules semilunaires, placées à peu près dans l'axe longitudinal de l'organe (Pl. III, fig. 5 *a a*). Dans la direction opposée, l'intervalle du côté droit entre les deux grandes valvules est occupé par la valvule *b*, l'intervalle gauche par les deux valvules *c* et *d*, dont la dernière est très petite. Le nombre total des valvules en cet endroit est par conséquent de cinq [†].

L'épaisseur de la couche musculaire du ventricule est de 1 à 1,5 centimètre. Elle est garnie de cordons charnus très forts et nombreux. La fibre musculaire est striée transversalement, mais sans qu'on y remarque des faisceaux primitifs bien distincts.

La couche musculaire de l'oreillette est beaucoup plus mince, tout au plus de 1 millimètre, mais on y rencontre aussi des cordons charnus dont la composition élémentaire est la même que celle des fibres musculaires du ventricule.

---

[*] l. c. p. 25.

[†] D'autres anatomistes n'en ont trouvé que quatre. V. CUVIER, *Leçons d'anatomie comparée*, VI, p. 341. Les deux valvules inférieures sont alors réunies en une seule.

Dans l'intérieur du bulbe artériel on remarque aussi des cordons charnus, ayant à peu près le même aspect que ceux qui garnissent le ventricule. Ils s'en distinguent cependant par leur couleur rouge plus pâle et par leur composition de cellules fusiformes à noyaux, sans stries transversales. Aussi ces cordons sont nettement séparés de la couche musculaire du ventricule par la paroi extérieure, qui pénètre dans l'intervalle entre les deux cavités, en enveloppant la base du bulbe.

La présence d'une couche musculaire dans l'intérieur du bulbe artériel de ce poisson mérite d'être signalée. Déjà M. Hyrtl [*] en avait trouvé une pareille dans les genres *Mormyrus* et *Gymnarchus*. La structure du bulbe artériel des Téléostiens et des Ganoides ne présente par conséquent pas une différence aussi nettement tranchée, que les recherches bien connues de Joh. Müller l'avaient fait croire.

Remarquons encore que la différence de structure entre la couche musculaire du ventricule et celle du bulbe n'est pas essentielle. Ce ne sont que deux différentes phases d'évolution des mêmes éléments. M. Weissman [†] et M. Gustaldi [§] ont déjà remarqué que la substance musculaire du coeur des poissons et des batrachiens répond à l'état embryonaire de celle du coeur des oiseaux et des mammifères. Il en est de même dans ce poisson. Seulement l'évolution de la substance musculaire est moins avancée dans le bulbe que dans le ventricule.

7. La forme des *disques sanguins* est telle qu'on la rencontre dans les poissons en général. Voici leurs diamètres:

		minimum.	maximum	en moyenne.
Diamètre	longitudinal	11,8 *m.m.m.*	13,8 *m.m.m.*	12,1 *m.m.m.*
"	transversal	8,0 "	12,0 "	9,7 "

Les *corpuscules blancs*, assez abondants, ont un diamètre de 5,3 *m.m.m.*

8. *L'appareil branchial.* — Bien que les ouvertures branchiales soient très

---

[*] *Sitzungsberichte der Kais. Akademie*, 1856. XIX, p. 94.

[†] *Archiv für Anatomie und Physiologie*. 1861.

[§] *Würzburger Naturwissensch. Zeitschr.* III. H. 1.

petites, l'appareil branchial lui-même est très développé. Il se compose de quatre paires d'arcs branchiaux complets (e) et d'une branchie demie, accessoire (f), adhérente à la surface intérieure du sac qui enveloppe la cavité branchiale (Voir la fig. 5. Pl. II).

La présence d'une branchie accessoire dans ce cas est très remarquable. Elle rapproche ce poisson de certains Ganoides (*Acipenser*, *Lepidosteus*), dont l'opercule porte à sa surface intérieure également une branchie accessoire. Cependant les auteurs que j'ai pu consulter n'en ont fait aucune mention. M. ALLESSANDRINI *, qui a examiné les branchies d'un très grand individu de plus de 6 pieds de longueur, appartenant au même genre, quoique à une espèce différente †, et qui en a donné une description très détaillée avec beaucoup de figures, n'en dit mot. C'est pourtant très improbable que parmi les espèces d'un genre si parfaitement naturel que le genre *Orthragoriscus*, les unes posséderaient un organe de cette importance, tandis que d'autres en seraient dépourvues. On peut donc admettre avec quelque vraisemblance qu'on ne l'a pas indiqué jusqu'ici parceque en détachant la peau pour la conserver, on éloignait le sac branchial en même temps. Maintenant que l'attention y est portée, je ne doute pas qu'on ne retrouvera la branchie accessoire chaque fois, qu'un tel poisson sera examiné.

Les quatres branchies complètes ont une longueur à peu près uniforme de 40 centimètres. Le nombre des lames branchiales à l'un des arcs branchiaux, le second, est de 185; celui aux trois autres ne diffère certainement pas beaucoup de ce chiffre. A l'endroit ou chaque branchie a la plus grande épaisseur, c'est à dire où les lames sont en contact avec l'arc osseux qui les porte, le diamètre transversal de chaque paire de lames ou de la branchie elle-même est de 20 millim. Ce diamètre diminue vers l'extrémité des lames, où il est encore de 8 à 9 millim. pour les deux lames juxtaposées, de sorte que ces lames ne se terminent aucunement en pointe, ainsi que cela a lieu ordinairement dans les poissons, mais par un bout tronqué (V. la fig. 5. Pl. II). La longueur la plus grande des lames, équivalent à la largeur de la branchie, est de 51 millim.

La branchie accessoire est beaucoup plus petite que les autres. Sa lon-

---

* *Novi commentarii Academiae Scientiarum Instituti Bononiensis.* III, p. 359.

† C'est l'*Orthragoriscus Alexandrini* de M. RANZANI.

gueur n'est que de 17 centim., sa largeur au milieu de 29 millim.; les lames qui la composent, au nombre de 85, sont simples et de plus beaucoup plus minces (4 millim.).

Toute la surface extérieure des branchies est revêtue d'une peau rugueuse. En l'examinant à la loupe, on y aperçoit un grand nombre de petites dents pointues (V. la fig. 6. Pl. II).

Quant à la structure intime des branchies, M. ALESSANDRINI l'a déjà décrite avec beaucoup d'exactitude, ainsi que j'ai pu m'en assurer en comparant les détails qu'il a publiés touchant les pièces solides qui composent les lames et la distribution des vaisseaux, à ce que l'observation directe m'a appris.

Cependant il y a deux points où nos résultats ne concordent pas entièrement. M. ALESSANDRINI, en décrivant l'appareil musculaire des lames branchiales, nomme *musculi transversi* une série de ligaments (fig. 5 *g* et fig. 4 *a*. Pl. II), qui se trouvent immédiatement au-dessous de la veine branchiale (fig. 5 *d*) et qui réunissent les deux lames de chaque paire à leur extrémité la plus large. L'examen microscopique m'a appris que ces ligaments n'ont aucunement la structure de muscles, et qu'ils sont simplement composés de tissu conjonctif et élastique. Quant aux muscles adducteurs (fig. 5 *c* Pl. II), ce sont des muscles véritables. Les faisceaux primitifs qui les composent, sont striés transversalement, comme dans les autres muscles dont l'action est soumise à la volonté de l'animal.

L'autre point, sur lequel je diffère de M. ALESSANDRINI, c'est sa désignation de l'office du canal qu'il a nommé canal hydrophore, et qui est situé immédiatement au dessous de la série des ligaments transverses susmentionnés (fig. 5 *c*. Pl. II). Selon M. ALESSANDRINI ce canal contiendrait de l'eau, qui, passant par un grand nombre de petits trous, arriverait dans l'interstice entre chaque couple de lames branchiales. Selon lui cet appareil serait donc un de ceux qui viennent en aide à la distribution de l'eau à la surface des lames branchiales, tels qu'on en trouve sous des formes très diverses en plusieurs autres poissons. Ordinairement cependant l'utilité manifeste de ces appareils accessoires consiste à maintenir les branchies dans un état mouillé, quand les poissons qui en sont munis, quittent l'eau et se trouvent exposés à l'air. Quant à l'Orthragoriscus il est évident que sa manière de vivre s'oppose à admettre que cet appareil aurait la même signification. Aussi je n'ai aucunement réussi à trouver par des injections une communication de ce canal avec les interstices interlamellaires. Ses parois sont closes de toutes parts, mais en injectant de l'eau par l'un des quatres canaux, on voit qu'il remplit aussi les autres, puisque l'eau découle par chaque orifice résultant de la section transversale des branchies. Je crois par conséquent que ces canaux sont des vaisseaux lymphatiques, communicant les uns avec les autres.

En examinant au microscope la structure de la lamelle osseuse, qui dans chaque lame branchiale occupe le milieu entre deux bords cartilagineux et sert de soutien à la membrane vasculaire qui la revêtit des deux côtés, on y aperçoit un très grand nombre de cellules, pour la plupart elliptiques. Les espaces intercellulaires sont remplies d'une substance qui réfracte fortement la lumière, mais qui du reste est parfaitement diaphane. En la traitant avec l'acide hydrochlorique cette substance se dissout, presque sans aucune effervescence; l'acide sulfurique dilué y produit un grand nombre de cristaux de sulfate de chaux. La substance ossifiante est par conséquent du phosphate de chaux avec un peu de carbonate de chaux, c'est à dire que la lamelle a la composition chimique de l'os véritable. Cependant ce n'est pas de l'os, tel qu'il compose le squelette, et dont la structure est très différente, ainsi que nous le verrons bientôt, mais c'est simplement du cartilage ossifié. Lorsque la partie calcaire s'est dissoute dans l'acide, le tissu qui reste ne se distingue plus du cartilage non ossifié qui constitue les bords. Ces lamelles sont les seules parties du corps, où il existe une véritable ossification d'un cartilage préexistant, et c'est à cet égard que leur structure particulière mérite quelque attention.

9. *Le cerveau.* Je ne connais aucun poisson dont le cerveau est relativement aussi petit. Son poids dans l'état représenté dans les fig. 2 et 3, Pl. III, c'est à dire lorsqu'il était encore muni d'une portion de la moëlle allongée, était de 2,410 grammes. En pesant une portion de la moëlle, équivalent à peu près au volume de cette partie de la moëlle allongée, qui s'étend au delà du cervelet, ce résultat brut fut corrigé par l'abstraction du poids ainsi obtenu. Le poids véritable du cerveau se trouvait alors être de 2,2 grammes tout au plus, ce qui revient à $\frac{1}{71820}$ du poids de l'animal entier.

Le seul auteur qui, autant que je sache, a indiqué le poids du cerveau des poissons de ce genre, est M. BELLINGERI *. Le nom de *Diodon mola*, par

---

* Dans son mémoire: *Del peso assoluto e relativo dei visceri negli animali vertebrati*, publié dans les *Memorie della reale Accademia delle Scienze di Torino*, Sec. 2ª. T. XI. 1861, p. 21.

lequel il les désigne, laisse subsister encore quelques doutes touchant l'espèce, mais cela ne saurait expliquer la grande différence du poids relatif, ainsi qu'elle résulte de la comparaison de celui que je viens d'indiquer avec ceux obtenus par le naturaliste italien, dans les deux cas qu'il a pu examiner et que je transcris ici, en transformant seulement les poids italiens en ceux du système métrique.

	Poids de l'animal en kilogrammes.	Poids du cerveau en grammes.	Poids relatif.
Mâle	4,015	1,17	1 : 3416
Femelle	3,383	1,01	1 : 3334

Par conséquent, tandis que le poids absolu du cerveau était environ la moitié de celui que je viens d'indiquer, son poids relatif dans ces cas était de 21 à 22 fois plus grand. Cette énorme différence s'explique cependant par la différence encore plus grande du volume et du poids des individus eux-mêmes, lequel est exprimé par les rapports de 1 : 39,5 et 1 : 47.

En effet il faut bien admettre que le poids relatif du cerveau diminue avec l'âge du poisson, c'est à dire qu'un certain âge passé le poids absolu du cerveau n'augmente plus ou très peu, tandis que le volume de l'animal entier croît encore beaucoup. Ceci s'explique en remarquant que le nombre des nerfs et probablement aussi celui des tubes primitifs qui les composent, ne subissent pas d'augmentation pendant la croissance ultérieure. Par conséquent un même volume de substance ganglionaire composant le cerveau peut suffire comme centre d'action pour des nerfs qui se sont surtout développés en longueur, à fur et à mésure que le volume du corps s'est accru.

Le volume très minime du cerveau répond à la place très petite qu'il occupe dans la cavité cranienne (V. la fig. 1. Pl. III). CUVIER * avait déjà remarqué: »que la cavité du crâne est près de dix fois plus grande qu'il ne le faut pour contenir le cerveau." L'inspection de la figure fait voir que cette différence peut devenir encore beaucoup plus grande. En effet les divers diamètres du cerveau et de la cavité du crâne ont un rapport de 1 : 3,5; le volume du cerveau et la capacité du crâne ont donc un rapport de 1 : 42, ce qui est quatre fois plus grand que le chiffre indiqué par CUVIER. On peut inférer de là avec une très grande vraisemblance que cette différence

---

* LACÉPÈDE, l. c. p. 517.

tient uniquement au fait que le volume du cerveau ne s'accroit que très faiblement dans le même temps que la cavité du crâne et ses parois ainsi que les autres parties du corps subissent un accroissement beaucoup plus considérable.

Parmi celles-ci le foie mérite d'être remarqué comme représentant les fonctions digestives, en le comparant au cerveau comme représentant les fonctions intellectuelles et sensuelles. M. Bellingeri trouva pour les deux individus beaucoup plus petits qu'il a examinés, que le rapport entre le poids du foie et celui du corps était de 1 : 27 et de 1 : 28. Dans l'individu beaucoup plus grand, que j'ai disséqué, ce rapport est de 1 : 34. La différence entre ces résultats est très petite, mise en regard de l'énorme différence que présentent les poids relatifs du cerveau, et pourrait au reste être expliqué par une différence spécifique ou individuelle. Tout concourt donc à démontrer, que, lorsque toutes les autres parties du corps, le squelette et les muscles, les intestins, les organes sécréteurs et même probablement aussi les nerfs * vont en augmentant de volume et de poids, d'une manière sensiblement égale, le cerveau seul reste en arrière, et que par conséquent son volume et son poids relatifs doivent devenir de plus en plus petits, à mesure que l'individu avance en âge †.

---

* Les nerfs étaient loins de répondre par leur volume à la petitesse du cerveau ; ainsi par exemple le nerf latéral, à l'endroit où celui-ci entre la cavité branchiale, avait un diamètre de 3 millim.

† Cuvier avait déja énoncé la même conclusion pour les poissons en géneral. (Voyez *Hist. natur. des poissons*, I, p. 420). Cette diminution du poids relatif du cerveau est pleinement confirmée par les résultats comparatifs publiés par M. Bellingeri, bien que la différence due à l'âge soit ordinairement plus petite que dans *l'Orthragoriscus*. Voici quelques-uns des chiffres rapportés par lui et qui me paraissent des plus concluants.

	Poids du corps en kilogr.	Poids relatif du cerveau.
Lota vulgaris	0,059	1 : 122
	1,603	1 : 1876
Lophius piscatorius	0,174	1 : 812
	0,550	1 : 1721
Perca fluviatilis	0,088	1 : 182
	0,255	1 : 788
Acipenser sturio	0,521	1 : 879
	18,965	1 : 21792

La structure du cerveau est la même que celle dans les poissons osseux en général. Je ne m'y arrêterai donc pas. Les figures 1, 2 et 5, Pl. III, le représentent vu par sa face latérale, supérieure et inférieure. Les lobes olfactiques manquent totalement, ce qui est d'accord avec l'extrême petitesse des organes olfactifs (v. p. 9). Les nerfs optiques, chacun composé de deux ou trois faisceaux radiculaires, s'entrecroisent, sans former un chiasme. La glande pituitaire (fig. 1 *a*) a une grandeur démesurée, comparée à celle du cerveau lui-même.

La moëlle allongée (fig. 1 *c*) a une très grande longueur dans ce poisson, ce qui concorde avec la figure de l'os occipital, qui se prolonge beaucoup plus en arrière que dans d'autres poissons. Au contraire la véritable moëlle épinière, c'est-à-dire celle qui est contenue dans le canal formé par les arcs neuraux, n'existe presque pas, la moëlle allongée s'y divisant presque aussitôt pour former une *cauda equina*. Ce dernier fait a déjà été remarqué par M. Arsaky * et a été confirmé par M. Cleland †.

10. A l'égard de l'*organe de l'ouïe*, une erreur singulière a été commise par ce dernier auteur §. Selon lui l'*Orthragoriscus* n'aurait que *deux* canaux semicirculaires, tout-à-fait comme le *Petromyzon*. Dans l'individu que j'ai examiné, l'organe de l'ouïe a la même composition que celle qu'on retrouve dans tous les autres poissons osseux. Il y a notamment trois canaux semicirculaires très bien développés, ainsi qu'on peut le voir dans la figure 4, Pl. III, qui représente l'organe de l'ouïe contenu dans la cavité qui lui est propre, et qui communique avec la cavité qui renferme le cerveau. Cette cavité a une longueur de 54 millim. et une hauteur de 35 millim. On y remarque deux piliers osseux (*aa*), servant de points d'appui aux canaux semicirculaires, qui de plus sont retenus en place par un certain nombre de prolongements filiformes de la membrane, qui tapisse l'intérieur de la cavité auditive, et dont une partie est conservée en *b*.

Les canaux semicirculaires ont une très grande longueur. Celle du canal postérieur jusqu'à l'endroit où il communique avec le canal antérieur, est de

---

* *De piscium cerebro et medulla spinali.* Halle 1813, p. 5.

† L. c. p. 179.

§ L. c. p. 181.

60 millim.; le conduit commun des deux canaux est long de 11 millim. Le diamètre transversal de chacun des canaux est de 1,2 millim.

Le vestibule est au contraire très petit, n'ayant qu'un diamètre transversal de 3 millim.; aussi ne contient-il aucune trace d'otolithes. L'absence d'otolithes dans ce genre de poissons avait déjà été remarqué par BLAINVILLE [*], et a depuis été confirmé par M. CLELAND [†].

11. Le *bulbe de l'oeil* est remarquable par son volume, son diamètre transversal étant de 6,5 centim. et son diamètre axial de 3,8 centim., mais je n'y ai pas remarqué des détails de structure qu'on ne rencontre pas aussi dans les yeux d'autres poissons.

12. *L'ovaire*. J'ai déjà dit au commencement de ces notices, que l'objet était du sexe féminin, mais que l'ovaire était encore peu développé. Il n'y en avait qu'un seul, situé derrière le rectum. Sa figure est pyriforme. Son diamètre longitudinal est de 10 centim., les deux diamètres transversaux sont de 4,5 et de 5 centim. L'enveloppe extérieure a une épaisseur de 3 millim., et se continue dans un oviducte long de 15 centimètres, débouchant par un petit orifice immédiatement derrière l'anus. En y faisant une incision, l'ovaire se montre rempli de lamelles ovigères. Les ovules sont encore très petits; ce sont de simples cellules sphériques, ayant un diamètre de 58 à 69 *m.m.m.*, en moyenne de 64 *m.m.m.* Elles remplissent à elles seules presque tout le sac ovarien. On peut donc en calculer approximativement le nombre. Un millimètre cubique en contient 4096; l'aire du sac ovarien est d'environ 80,000 millim. cubiques. Par conséquent le nombre total des cellules destinées à devenir des oeufs est de plus de *trois cent millions*. Ce n'est donc pas faute d'oeufs que ces poissons sont si rares. Je ne connais même pas de poisson qui en ait une plus grande quantité. Peut-être on peut y voir une confirmation de la règle, que: moins un animal est pourvu de moyens, pour échapper pendant son jeune âge à ses ennemis ou à d'autres causes de destruction, plus la quantité d'oeufs, qu'il produit, est grande. En effet peu de poissons ont une conformation aussi peu apte à la natation que ceux de ce genre,

---

[*] *Principes d'Anatomie comparée*, 1. p. 561.
[†] L. c. p. 181.

et il leur doit être bien difficile de se soustraire à la poursuite d'autres poissons voraces et bons nageurs.

13. J'ai réservé le *squelette* pour le sujet de la dernière de ces notices,
parceque les résultats de son examen ont plus de portée que ceux fournis
par les autres organes, et se rattachent directement à la question de l'ostéogenèse des poissons en général.

Il serait cependant parfaitement superflu de donner ici une description anatomique du squelette, M. WELLENBERGH et M. CLELAND s'étant déjà acquittés de cette tache. Je me bornerai exclusivement à sa constitution histiologique, qui présente un haut intérêt et des aperçus tout-à-fait nouvaux.

Depuis longtemps on a désigné par le nom de »cartilage fibreux", la substance qui compose le squelette de l'*Orthragoriscus* et de plusieurs autres
poissons. DUMÉRIL * y vit même un caractère d'une si haute importance, qu'il
sépara ces poissons des autres Téléostiens et les réunit dans une section particulière, à laquelle il donna le nom de *Chondrostichtes*, en réservant le nom
d'*Ostichtes* pour ceux dont le squelette était véritablement osseux.

C'était une erreur. Tous ces poissons, dits à cartilage fibreux, sont des
Téléostiens véritables, non-seulement par leur organisation générale, mais
aussi par la structure histiologique de leur squelette. Les différences, sur
lesquelles cette distinction a été établie, ne sont qu'apparentes, tout au plus
graduelles, et n'affectent nullement le plan général.

Cette erreur cependant est pardonnable, car d'abord il existe dans tous
ces poissons des parties du squelette, qui conservent pendant toute la vie
de l'animal l'état cartilagineux, et puis la partie vraiment osseuse a un aspect si différent de celui qu'on rencontre ordinairement, que sa véritable
nature n'est reconnue qu'après un examen minutieux.

Quant-aux poissons du genre *Orthragoriscus*, je ne connais qu'un seul
auteur, qui ait eu une idée quelque peu précise de la structure de l'os qui
compose leur squelette. C'est M. QUEKETT. Cela résulte de la description
très succincte, qu'il a donnée de trois préparations d'une vertèbre dans le
*Catalogue of the Histological series contained in the Museum of the Royal
college of surgeons of England*, London 1855, p. 40. M. LEYDIG † et

---

* Dans son *Ichthyologie analytique; Mémoires de l'Acad. des Sciences.*
† *Lehrbuch der Histologie des Menschen und der Thiere.* Frankfurt 1857, S. 158.

M. Cleland [*], qui en a parlé après lui, n'en ont pas reconnu la nature véritable. Je dois ajouter cependant, que M. Leydig indique lui-même l'insuffisance de son examen, faute de matériel, et qu'il en appelle à une étude plus approfondie.

Le squelette de l'*Orthragoriscus*, ainsi que je viens de le dire, présente quelques parties véritablement cartilagineuses. Ce sont en premier lieu les rayons des nageoires et leurs supports (V. les fig. 1, 2, 3, Pl. IV). Au crâne la majeure portion de l'os occipital basilaire (Pl. V, fig. 1 *d*) est composé de cartilage; quant-aux autres pièces du crâne, on rencontre du cartilage dans la plupart d'entres elles, soit à leurs bords, c'est-à-dire aux endroits où deux pièces sont en contact, soit à l'intérieur entre les portions composées d'os véritable. Le cartilage et l'os sont donc en contact immédiat en plusieurs endroits, mais ce sont toujours deux tissus essentiellement distincts et nettement séparés, dont l'un n'engendre jamais l'autre.

Du cartilage ossifié ne se rencontre que dans les lames branchiales, ainsi que je l'ai déjà dit plus haut (p. 22).

Tout le reste du squelette, c'est-à-dire à peu près toutes les pièces qui composent le crâne, et celles qui appartiennent à la face, les arcs branchiaux, les rayons branchiostèges, les pièces de la ceinture scapulaire, l'épine entière, savoir les corps des vertèbres avec leurs arcs neuraux et hémaux, leurs apophyses et enfin les pièces inter-épineuses, est fait d'un tissu qui, bien que ressemblant au cartilage par son peu de dureté et par la facilité avec laquelle il se laisse couper en tous sens avec un couteau, de sorte qu'on en peut faire des tranches très minces avec un simple rasoir, n'en a pourtant ni la composition chimique, ni la structure histiologique, mais se rapproche par ses qualités de la substance osseuse véritable.

Disons d'abord quelques mots des pièces cartilagineuses. Toutes se ressemblent par leur structure. Elles sont composées de deux tissus essentiellement différents. D'abord la substance principale, dans laquelle des cellules ordinairement simples, elliptiques ou fusiformes sont situées à des distances sensiblement égales au milieu d'une substance intercellulaire, homogène et parfaitement transparente (Pl. IV, fig. 3, Pl. V, fig. 3 *a*). Le diamètre transversal de ces cellules varie de 13 à 17 *m.m.m.* et est en moyenne de 14 *m.m.m.*, le diamètre longitudinal de 28 à 34 *m.m.m.*, en moyenne de 32

---

[*] L. c. p. 173.

m.m.m. Les noyaux, qui y sont contenus, ont un diamètre de 5 à 6 *m.m.m.*
Dans l'intérieur de cette substance vraiment cartilagineuse pénètrent des prolongements du perichondrium (V. les fig. 1 et 2, Pl. IV). De ces prolongements naissent d'autres prolongements, tous composés, comme le perichondrium
lui-même, de tissu conjonctif et renfermant des vaisseaux, qui se terminent
en anses, rappelant par leur forme et leur distribution la terminaison des
vaisseaux capillaires dans les papilles cutanées ou intestinales. Aussi peut-
on appeler ces prolongements les papilles du perichondrium. Si l'on voudrait
conserver la dénomination de cartilage fibreux, ce serait seulement au petit
nombre de pièces qui ont la structure que je viens de décrire, qu'elle pourrait être appliquée.

L'examen chimique démontra, que la substance principale du cartilage présente toutes les réactions de la chondrine. En effet, ayant fait bouillir quelques tranches des cartilages des rayons des nageoires avec de l'eau, j'ob-
tins les réactions suivantes par l'addition de divers réactifs à la liqueur
filtrée.

Les solutions d'acide tannique et de deutochlorure de mercure ne troublè-
rent à peine la liqueur, ce qui d'ailleurs s'explique par la présence d'une
faible portion de tissu conjonctif, appartenant aux prolongements papilliformes
du perichondrium.

Les solutions d'alun, d'acétate de plomb et de deutochlorure de fer fai-
saient naître au contraire un précipité abondant.

L'occasion se présentera bientôt de comparer ces résultats à ceux obtenus
avec d'autres tissus.

Avant de passer à la description de celui qui compose la majeure partie
du squelette, il n'est pas hors de propos de décrire ici la structure des vertèbres, surtout pour les détails qui ne sont pas encore mentionnés par d'autres auteurs.

Les corps des vertèbres ont la forme qui est propre aux poissons en général (V. les fig. 1 et 4, Pl. VII). Leurs dimensions sont pour toutes les
mêmes, à l'exception de la dernière vertèbre caudale. Tandis que le diamètre transversal de toutes les autres, à l'endroit où deux vertèbres se rencontrent, est de 36 millim., et leur diamètre antéro-postérieur de 54 millim.,
ces chiffres ne sont pour la dernière vertèbre que de 23 et de 40 millim.
Les cavités coniques occupent un très grand espace (V. la fig. 4 *e*). Dans
les vertèbres antérieures la distance entre les sommets des cônes apparte-

nant à deux vertèbres contigues est de 45 millim., de sorte que la partie
solide de chaque vertèbre n'a que 9 millim. de longueur. Ces cavités sont
parfaitement closes à leur sommet. La substance intervertébrale, qui les remplit (reste de la chorde dorsale) a la consistance d'une gelée très molle et
difluente. Elle est composée de grandes cellules (Pl. VII, fig. 7) à peu près
sphériques, ne se touchant qu'en quelques points de leur surface, de sorte
qu'il existe entr'elles de nombreux interstices, tous remplis d'un fluide,
qui s'écoule aussitôt qu'on enlève ce tissu cellulaire de la cavité qui le
contient. Ces cellules ont un diamètre de 100 à 296 *m.m.m.*, en moyenne
de 174 *m.m.m.* Leurs parois sont extrèmement minces, n'ayant qu'une épaisseur de 0,4 à 1 *m.m.m.* Dans plusieurs se trouve un noyau appliqué contre la
paroi de la cellule.

Cette substance est renfermée dans une gaîne, qui elle-même est en contact immédiat avec la paroi de la cavité vertébrale et y adhère faiblement.
Cependant on peut l'enlever avec facilité et sans lui faire perdre sa forme
conique (fig. 5). A l'état frais cette gaîne est aussi diaphane que du verre.
Elle a une épaisseur d'environ 0,5 millim. à l'endroit le plus large; vers le
sommet du cône cette épaisseur diminue de moitié.

L'inspection microscopique n'y fait rien découvrir (fig. 6), même après
l'addition de la teinture d'iode, qui la colore fortement en brun, ou du cuprate d'ammoniaque, dont elle s'imbibe en se colorant en bleu. C'est donc une
substance parfaitement simple, au point de vue histiologique, et qu'on peut
ranger dans la classe des membranes vitreuses.

L'acide acétique concentré et l'acide sulphurique dilué n'y produisent aucun
changement.

La potasse caustique ne l'attaque pas immédiatement, mais la dissout entièrement après un certain laps de temps.

L'acide nitrique concentré la colore en jaune, et cette couleur devient plus
foncée par l'addition de l'ammoniaque. L'acide hydrochlorique y produit une
légère teinte violacée. Elle contient donc une substance albumineuse, mais
il se pourrait que celle-ci doit être mise sur le compte du fluide intercellulaire, dont la gaîne est imprégnée par suite de son contact avec la substance
chordale.

Après une ébullition prolongée dans de l'eau, elle s'y dissout entièrement.
L'acide acétique, les solutions d'alun et du deutochlorure de fer ne produisent aucun précipité dans la solution. Les solutions d'acide tannique et du

deutochlorure de mercure n'y font naître qu'un trouble très léger; la solution d'acétate de plomb y produit au contraire un précipité assez abondant.

C'est donc une matière chimiquement très différente tant de la chondrine que de la gélatine, et également différente de la substance hyaline du tissu osseux, dont je vais maintenant décrire la structure.

J'ai déjà dit, qu'on peut obtenir des sections très minces de ce tissu, simplement en le coupant avec un rasoir. Dans une telle section, examinée au microscope, on reconnait trois parties essentiellement différentes (V. Pl. V, fig. 2, 3, 4, Pl. VI, fig. 1, 2, 3, 4, Pl. VII, fig 2, 3, 8), 1°. des lamelles osseuses très minces, constituant un tissu aréolaire; 2°. une matière hyaline, qui remplit les cavités des aréoles, et 3°. des fibres d'une nature particulière. La matière hyaline à elle seule constitue au moins 90 à 95 proc. de l'os entier. Sa transparence est telle, et son indice de réfraction s'éloigne si peu de celui de l'eau dont la section est mouillée, que souvent on n'en apperçoit aucune trace à la lumière transmise, à moins qu'on ne la colore en brun par l'addition de l'iode ou en bleu par le cuprate d'ammoniaque. L'acide tannique la révèle aussi, en y produisant un précipité qui la rend moins transparente. Le deutochlorure de mercure a le même effet.

Les acides nitrique et hydrochlorique ne la colorent pas, mais la gonflent un peu. L'acide acétique et la potasse caustique n'y produisent aussi qu'un léger gonflement, sans la dissoudre.

On n'y aperçoit dans la très grande majorité des cas aucune trace de cellules. Je n'en vis que dans une section d'un des rayons branchiostèges (Pl. V. fig. 5), et encore y étaient elles très rares. La substance hyaline à cet endroit montra encore la particularité d'avoir des stries concentriques, environnant des espaces à peu près circulaires et remplies d'une substance semi-transparente.

Les aréoles, dont les lamelles constituent les parois, ont en général la forme de pyramides ou de prismes irréguliers, dont l'axe est placé dans la direction de l'accroissement de l'os, et dont le sommet un peu tronqué aboutit à l'endroit de l'os où l'ossification a commencé. Ces pyramides creuses sont traversées à des distances plus ou moins grandes par d'autres lamelles, qui les partagent ainsi en un certain nombre de compartiments (Pl. VII, fig. 3). L'aspect de ce tissu aréolaire varie par conséquent considérablement, selon la direction dans laquelle la section est prise. En certains endroits, par exemple dans l'os occipital supérieur (Pl. V, fig. 1 e), les lamelles principales, qui sont les parois des pyramides aréolaires, ont un trajet courbé, quelquefois un peu sinueux (Pl. VI, fig. 2). Ordinairement cependant elles s'éloignent peu de la direction rectiligne. Elles sont blanches à la lumière incidente (Pl. VII, fig. 5), mais comme elles réfractent fortement la lumière, leurs contours sont noirs, quand on les regarde à la lumière transmise. Dans les figures 1, Pl. V et 2, Pl. VII, qui ne sont pas grossies, elles ne sont indiquées que par des stries noires. Dans la figure 3, Pl. VII, une portion d'une section transversale de la partie solide d'une vertèbre est représentée à un faible grossissement, telle qu'on la voit sur un fond noir. Les autres figures, Pl. V fig. 2, 3, 4, 5, Pl. VI fig. 1, 2, 3, 4 et Pl. VII fig. 8, sont prises à un plus fort grossissement et à la lumière transmise.

L'épaisseur des lamelles est quelque peu différente dans les os divers, mais elle est partout très minime, comparée à la largeur des interstices remplis de matière hyaline. Ainsi je la trouvai dans une vertèbre de 1,6 à 3 $m.m.m.$ Dans les os de la tête elle est ordinairement de 0,7 à 1,2 $m.m.m.$, mais dans l'os sphénoïdal (Pl. VI, fig. 3), dans les rayons brachiostèges (Pl. V, fig. 4), ainsi qu'en quelques autres endroits, un certain nombre de prismes ou de pyramides aréolaires se trouve environné de lamelles communes un peu plus épaisses, jusqu'à 4 $m.m.m.$, de sorte que le tissu entier présente à peu près l'aspect d'une section transversale d'un muscle, les pyramides ou prismes des aréolaires simulant les faisceaux primitifs, et les lamelles communes les gaînes aponeurotiques, qui les réunissent en faisceaux secondaires. Les diamètres des aréoles varient de 150 à 800 $m.m.m.$

Ces lamelles constituent la seule partie du tissu qui soit ossifiée. On y remarque une structure fibreuse, indiquée par des stries à peu près parallèles, laissant en quelques endroits des lacunes très petites, où les fibres osseuses ne sont pas en contact. La direction de ces fibres osseuses est toujours dans le même sens. Elle est verticale à l'axe de la pyramide aréolaire et par conséquent à la direction suivant laquelle l'accroissement de la pièce a eu lieu. Ainsi par exemple l'accroissement d'une vertèbre se faisant dans la direction du rayon, les fibres osseuses sont verticales à ce rayon. Le diamètre de ces fibres osseuses est de 0,4 à 0,8 $m.m.m.$ Donc pour les voir nettement, il faut qu'on emploie un très fort grossissement (Pl. VII, fig. 9, A et B).

L'addition des réactifs démontre que les sels calcaires dont cette partie du tissu est imprégnée, sont les mêmes que ceux des os en général. Les acides ne produisent qu'une légère effervescence aux lamelles ; lorsqu'on em-

ploye l'acide sulphurique, on voit apparaître bientôt de nombreux cristaux
de sulphate de chaux. La matière molle des lamelles, après l'extraction des
sels calcaires par un acide, se montre un peu gonflée, ce qui est en même
temps la cause que leurs surfaces deviennent très sinueuses. On n'y distingue
plus alors aucune trace, ni des fibres osseuses, ni des lacunes entre ces fibres, de sorte qu'on ne reconnaîtrait alors presque plus la présence des lamelles, ne fut-ce que d'autres parties élémentaires, dont nous allons maintenant nous occuper, n'indiquassent encore leur position.

Ces parties élémentaires sont des fibres assez fortes, ayant un diamètre
de 1 à 4,2 $m.m.m.$, qui sont appliquées contre les deux surfaces de chaque
lamelle osseuse, dont elles croisent les fibres à peu près à angle droit. Leur
direction générale est par conséquent celle dans laquelle l'os a pris son
accroissement, c'est-à-dire la même que celle de l'axe longitudinal des pyramides ou des prismes aréolaires. Plusieurs fibres se bifurquent et quelquefois on peut voir cette bifurcation se répéter (Pl. VII, fig. 8). Elles se terminent toutes en pointe très fine, et ces terminaisons, en s'éloignant de la
surface des lamelles et en pénétrant dans la matière hyaline, donnent aux
lamelles un aspect frangé (Pl. V fig. 3). En quelques endroits ces fibres poursuivent leur trajet au milieu de la matière hyaline. On voit alors dans une
section, prise verticalement à la direction de ces fibres, au milieu de la matière
hyaline un certain nombre de petits cercles (Pl. VI, fig. 4), qui ne sont que les
sections de ces fibres. Ce sont probablement ces petits cercles qui ont été
regardés par M. LEYDIG et M. CLELAND comme des cellules cartilagineuses.
La méprise en effet est facile, et moi-même j'y fus trompé d'abord. Mais
l'erreur se reconnaît aussitôt qu'on prend une section dans une autre direction.

Ces fibres résistent très longtemps à l'action des alcalis et des acides.
On peut donc les considérer comme appartenant au tissu élastique, dont leur
forme les rapproche déjà. Nous verrons bientôt que cette assimilation est aussi
confirmée par leur origine.

Après une ébullition prolongée de quelques tranches d'une vertèbre avec
de l'eau, la partie dissoute ne donna aucun précipité avec les solutions d'alun
et de deutochlorure de fer ni avec l'acide acètique. L'acétate de plomb et
le deutochlorure de mercure font naître un trouble très léger dans la liqueur,
mais l'acide tannique y produit un précipité abondant.

En comparant ces résultats à ceux donnés par le cartilage après son

10

ébullition, on voit de suite que la matière hyaline des os diffère chimiquement de celle du cartilage. Elle s'éloigne par ses réactions de la chondrine pour s'approcher de la gélatine ou plutôt de l'ostéine. Quant-à la manière dont les trois parties constituantes, que je viens de décrire, forment les os divers qui composent le squelette de *l'Orthragoriscus*, il y existe bien certaines différences, mais ces différences sont légères, et se bornent à la direction plus ou moins rectiligne des prismes aréolaires, à leur largeur et longueur relatives, au nombre plus ou moins grand des lamelles transversales, et à l'épaisseur quelque peu variable des lamelles osseuses. La figure 1, Pl. V, qui représente la section de quelques os du crâne, peut servir à donner une idée de quelques-unes de ces différences, pourvu que l'on se souvienne qu'en faisant une telle section, qui passe par plusieurs pièces osseuses à la fois, on coupe tantôt les pyramides ou prismes aréolaires suivant leur axe longitudinal, tantôt transversalement ou bien dans une direction oblique. Dans les figures 2, 3 et 4 Pl. VII on peut suivre la direction des lamelles osseuses dans l'intérieur du corps des vertèbres. En général, ainsi que je l'ai déjà dit, la direction de la majeure partie des lamelles, celles qui constituent les parois des prismes aréolaires, et qu'on peut distinguer pour cette raison par le nom de lamelles principales, coïncide avec la direction de l'accroissement de l'os. Cette remarque donne en effet la clef de tout ce dédale d'aréoles, où l'on risquerait autrement de s'égarer. Ainsi par exemple on remarque aussitôt en examinant la section de l'os occipital supérieur (fig. 1 e, Pl. V), que l'accroissement s'est fait en quatre directions principales. Les rayons branchiostéges au contraire, qui n'ont qu'un seul système de cavités aréolaires prismatiques (Pl. V, fig. 4), dont l'axe répond à celui de l'os lui-même, se sont simplement accrus dans la direction longitudinale.

Une différence plus essentielle consiste en ce que, tandis que la majorité des pièces osseuses, notamment celles qui composent l'épine et ses annexes, ne contiennent aucune trace de cartilage, le périoste étant appliqué immédiatement à la surface de l'os (voyez les fig. 2, 3 et 4 Pl. VII), d'autres pièces, notamment quelques-unes de celles qui composent le crâne, sont en partie cartilagineuses, surtout à leurs bords. Le périoste ou le périchondrium — car c'est ici la même chose — y pénètre alors en forme de prolongements ramifiés, qui ressemblent à ceux que j'ai décrit plus haut (p. 29) comme pénétrant dans la substance des cartilages qui ne s'ossifient jamais. Mais ces prolongements du périoste ne se terminent pas de la même manière que dans le cartilage non ossifiant. Ils sont le point de départ des lamelles osseuses; chacun de ces prolongements, qu'on pourrait aussi dans ce cas désigner par le nom de papilles du périoste, donne naissance à un faisceau d'aréoles. Les interstices entre les faisceaux divers sont occupés alors par du cartilage, ainsi que le montre la fig. 1, pl. V, où, en *g*, l'os frontal a été coupé dans une direction verticale à la direction de l'accroisment, ainsi que la fig. 1, Pl. VI, qui représente une petite portion du même os grossie, et la fig. 2, Pl. V, représentant une portion du bord antérieur de l'os occipital supérieur, que la section a traversé dans une direction opposée. Mais quoiqu'il existe un mélange apparent des deux substances dans quelques-uns de ces os, elles sont partout nettement séparées et chacune d'elles a une origine qui lui est propre.

Je ne connais aucun animal vertébré, dans lequel il soit aussi facile de reconnaître avec certitude la manière dont l'os prend naissance. On n'a qu'à faire une section très mince passant par le bord de l'os et du périoste qui l'enveloppe. Une vertèbre s'y prête le mieux. Dans une telle section on voit (V. les fig. 2 et 3, Pl. VII) que le périoste pousse autant de petits mamelons qu'il y existe de pyramides aréolaires. Ces petits mamelons sont les papilles du périoste, qui dans ce cas ne s'élèvent que très peu au dessus de sa surface générale, tandis que dans d'autres cas, dans les pièces qui composent le crâne, où elles ont à traverser une portion cartilagineuse, elles acquièrent une grande longueur, quelquefois de plusieurs millimètres. Ces papilles se partagent alors en autant de papilles secondaires ou même ternaires, qu'il y a de pyramides aréolaires qui y prennent naissance (Pl. V fig. 1 en *b'* et fig. 2). Ces papilles, ne constituant que la surface interne ou bien des prolongements intérieurs du périoste, en ont aussi la composition élémentaire. C'est du tissu conjonctif, renfermant quelques anses de vaisseaux capillaires. Mais ce tissu ne présente une structure fibreuse qu'à une certaine distance de l'endroit où l'ostéogénèse a lieu. Dans son voisinage immédiat, un peu au delà des vaisseaux capillaires, l'apparence fibreuse cesse, pour faire place à ce que l'on indique communément par le nom de tissu conjonctif amorphe (fig. 10 et 11, Pl. VII). C'est une substance semi-transparente, dans laquelle on remarque des molécules extrêmement petites et un certain nombre de cellules elliptiques ou fusiformes, qui ont souvent des prolongements radiés, et qu'on a coutume de désigner par le nom de corpuscules du tissu conjonctif. Ajoutons qu'ici les cellules qui sont voisines de la surface interne, n'ont pas ces

10*

prolongements, mais que seulement celles, qui se trouvent à quelque distance delà, au milieu de la substance amorphe, en sont pourvues. Ni les unes ni les autres ne me paraissent avoir des parois distinctes, mais il paraît plutôt qu'elles sont simplement composées de protoplasme *.

On voit les lamelles osseuses aboutissant à la surface de la circonférence des papilles, et si la section est très mince on peut à un fort grossissement en suivre le trajet, jusqu'à ce qu'à une très petite distance de la terminaison intérieure de la papille les lamelles cessent d'être distinctes, en devenant de plus en plus minces. L'origine des lamelles qui constituent les parois des prismes ou des pyramides aréolaires, s'explique par conséquent comme étant une ossification continuelle et superficielle du tissu conjonctif encore amorphe, c'est-à-dire de la substance intercellulaire qui est le produit de la sécrétion des petites cellules qui y sont contenues. Quant-aux lamelles secondaires, qui, en traversant les pyramides aréolaires, les partagent en autant de compartiments, elles naissent de la même manière à la surface interne du mamelon périostique. Seulement dans ce cas l'ossification n'est pas continuelle mais intermittente. On en acquiert la preuve en comparant la figure de ces lamelles transversales à celle des surfaces mamelonnaires. Les unes sont exactement les moules des autres, ainsi qu'on peut le voir dans la fig. 10, Pl. VII, où en c une telle lamelle se trouve encore dans le voisinage du mamelon. En effet on peut considérer toute la portion interne de la papille périostique comme une sorte de moule, qui sécrète de la substance osseuse à sa surface, à-peu-près comme la papille ou le germe d'une plume est le moule autour duquel la substance qui compose la plume s'est formée.

C'est à l'intermittence de la sécrétion osseuse qu'on peut encore attribuer avec une grande probabilité un autre effet, savoir l'origine des fibres osseuses, dont la présence dans les parois des aréoles (v. p. 32) ne saurait être expliquée par l'ossification de fibres déjà préexistantes, car à l'endroit où cette ossification commence l'on n'en aperçoit aucune trace. C'est seulement un peu au delà que le tissu conjonctif a une apparence fibreuse, mais les fibres qui s'y trouvent, se croisent en tous sens et n'ont aucunement les caractères qui

---

* C'est aussi l'opinion de M. GEGENBAUR pour les cellules qui sécrètent la substance osseuse dans les animaux vertébrés supérieurs, auxquelles il a donné le nom d'ostéoblastes. V. son *Mémoire sur la formation du tissu osseux* dans la *Jenaische Zeitschrift für Medicin*, 1864. p. 348.

distinguent les fibres osseuses des lamelles. Je crois par conséquent que ces
fibres sont le résultat de l'intermittence de la sécrétion des sels calcaires,
et qu'elles doivent être considérées comme une sorte de stratification.   On
peut citer plusieurs autres exemples d'une pareille intermittence dans la sécrétion des sels calcaires, produisant une structure lamellaire ou fibreuse,
telle que dans les parois des canaux Haversiens, les otolithes, les lignes d'accroissement des coquilles des mollusques, surtout les stries à la surface des
écailles des poissons osseux. Ces dernières se rapprochent en effet beaucoup
de la structure des lamelles osseuses, qui composent le squelette entier de
l'Orthragoriscus *.

Quant-aux petites lacunes, qu'on voit çà et là entre les fibres (fig. 9,
Pl. VII), je crus d'abord que c'étaient de petites cellules, emprisonnées dans
le tissu ossifié, en d'autres termes que c'étaient des corpuscules osseux. Je
suis cependant revenu de cette opinion, laquelle n'est pas d'accord avec les
faits suivants.   D'abord ces lacunes sont de beaucoup plus petites que les
cellules du tissu conjonctif; puis en traitant les lamelles ossifiées avec des acides
elles disparaissent complètement.   Or on sait que cela n'a pas lieu pour les
os des vertébrés supérieurs, dans lesquels, après l'extraction des sels calcaires
par les acides, les cellules ou corpuscules osseux restent visibles. Il paraît
par conséquent que ces lacunes indiquent simplement les endroits où des
cellules étaient situées à la surface du mamelon générateur pendant la sécrétion des sels calcaires. En effet on a quelquefois l'occasion de voir à une
section très mince, que quelques-unes de ces cellules elliptiques ou fusiformes font de petites saillies à la surface du mamelon. Les lacunes entre
les fibres osseuses ne sont par conséquent pas ces cellules elles-mêmes, elles
n'en sont que les empreintes.

La substance hyaline qui remplit les cavités aréolaires et laquelle, ainsi
que nous l'avons indiqué plus haut (p. 34), n'est que de l'ostéine pure, non
ossifiée, est également un produit de la sécrétion des mamelons ou papilles
périostiques.   Il y a toujours une limite très tranchée entre la terminaison
intérieure d'un tel mamelon et la matière hyaline qui se trouve en contact
immédiat avec sa surface. C'est là que se trouvent des cellules, qu'on peut
considérer avec une grande probabilité commes les organes sécréteurs de

----

* On n'y peut cependant pas assimiler l'écaille entière, mais seulement sa lame extérieure.

l'ostéine. Elle appartient par conséquent à la classe des substances intra-
ou plutôt extra-cellulaires, tout aussi bien que l'ostéine qui forme la base
du tissu des os d'autres animaux vertébrés. La seule différence c'est qu'elle
ne s'ossifie pas, ou seulement d'une manière intermittente, lors de l'origine
des lamelles transversales.

Les fibres élastiques, qui bordent les parois ou qui poursuivent leur trajet dans
la substance hyaline, prennent aussi naissance dans les mamelons du périoste.
On peut les suivre dans la substance amorphe de ces mamelons, et on voit
alors qu'elles deviennent de plus en plus minces, jusqu'à ce qu'enfin leur té-
nuité devient telle, qu'on les perd de vue. Ce n'est que dans des sections
d'une minceur extrême, à de forts grossissements et en s'aidant de tous les
avantages que procure un bon mode d'éclairage, qu'on réussit à découvrir
que ces fibres ne sont que la continuation des prolongements qui naissent
des cellules du tissu conjonctif, comme je l'ai représenté dans la fig. 12 Pl. VII.

Ces fibres élastiques sont certainement ce qu'il y a de plus singulier dans
la structure du squelette de l'Orthragoriscus. Elles paraissent à elles seules
en constituer presque un caractère éminemment distinctif. Cependant, maintenant que leur origine est connue, il n'est pas difficile d'y reconnaître une
homologie complète avec les cellules ou corpuscules osseux d'autres animaux.
En effet ces fibres ne constituent que des prolongements des mêmes cellules, qui deviennent des cellules osseuses, lorsque l'ossification est plus complète. Ici ces prolongements continuent à s'accroître au milieu de l'ostéine
molle et non ossifiée, tandis que dans l'os ordinaire leur accroissement cesse
aussitôt qu'elles sont emprisonnées dans l'ostéine endurcie par l'ossification.
Aussi il existe des cas, où les cellules osseuses des os acquièrent une longueur beaucoup plus grande que d'ordinaire. J'en ai moi-même indiqué un
exemple dans un os de mammifère *. Parmi les pièces décrites par QUEKETT †
on trouve d'autres exemples. Mais une analogie de forme plus grande encore
est fournie par les canaux de la dentine. Or on sait maintenant que la formation de la dentine n'est qu'une modification de l'ossification qui fait naître
la substance osseuse, et que les canaux de la dentine doivent être considérés comme étant les homologues des corpuscules osseux.

Une analogie encore plus évidente se rencontre dans la structure de l'os

---

* *Het Mikroskoop.* IV. p. 289. T. III. fig. 44.

† L. c.

d'un grand nombre de poissons téléostiens, surtout acanthoptérygiens, dans lequel, ainsi que l'ont déjà remarqué M. Quekett * et M. Kölliker †, les corpuscules osseux sont absents et remplacés par des canalicules, ressemblant beaucoup à ceux de la dentine. La seule différence alors entre ces poissons et l'*Orthragoriscus*, quant-à la structure de l'os, c'est que dans les premiers l'ostéine a subi une ossification plus complète et que les parties élémentaires, qui dans celui-ci sont restées à l'état de fibres élastiques, ont été transformées par l'ossification en canalicules.

En examinant la structure du squelette de quelques autres poissons, j'ai en effet acquis la conviction, que la structure en apparence si singulière et différente de celle de l'*Orthragoriscus*, n'en est qu'une simple modification, qu'on peut rapporter à cet ordre de faits, qu'on est convenu d'appeler des arrêts de développement.

Parmi les poissons examinés le *Cyclopterus lumpus* s'en rapproche le plus. Les fig. 1 et 2, Pl. VIII représentent une section transversale et une section longitudinale passant par le centre d'une vertèbre, à un faible grossissement. En comparant cette figure à celle que j'ai donnée d'une vertèbre d'*Orthragoriscus* (Pl. VII, fig. 2 et 4), on remarquera une grande analogie. Dans les deux cas la vertèbre est composée de lames osseuses, partant du centre pour aboutir à la circonférence, comme autant de rayons, et çà et là il existe des lames transversales, allant de l'une à l'autre. Les pyramides aréolaires, bien que d'une forme et de dimensions différentes, existent par conséquent tout aussi bien dans la vertèbre du *Cyclopterus* que dans celle de l'*Orthragoriscus*. Les différences principales sont: le nombre beaucoup plus restreint des pyramides aréolaires, la plus grande épaisseur des lames, leurs sinuosités plus grandes, mais surtout la présence d'un tissu conjonctif fibreux dans les interstices (Pl. VIII, fig. 3). Cependant, à part ces modifications d'un intérêt secondaire, on reconnaît facilement que le type général est identique. Les fibres élastiques s'y trouvent aussi. Elles constituent un réseau au milieu du tissu conjonctif, mais qu'on ne reconnaît bien qu'après l'addition de l'acide acétique (fig. 4).

---

* L. c. *passim*.

† *Ueber die verschiedenen Typen in der mikroskopischen Structur des Skelettes der Knochenfische*, dans: *Verhandl. der phys.-med. Gesells. in Würzburg*. 1859. Bd. IX. p. 257.

Quant-aux autres pièces du squelette, on retrouve dans toutes le même système aréolaire et lamellaire, aussitôt que le périoste à pris part à leur ossification. Celles qui composent le crâne, sont tout-à-fait cartilagineuses, ou leur ossification est très superficielle. Mais les os maxillaires et les os hyoïdes, bien qu'ayant encore un noyau composé de cartilage non ossifié (fig. 5 *a*, Pl. VIII), présentent un système aréolaire très développé, à lames osseuses *bbb*, composées de fibres parallèles très distinctes (fig. 6). Ces lames bordent des cavités, remplies d'un tissu fibreux, contenant un grand nombre de fibres élastiques. Ces cavités sont ouvertes à la surface, où des prolongements du périoste y pénètrent, tout-à-fait comme dans le système aréolaire des os de l'*Orthragoriscus*.

La même composition, moins le noyau cartilagineux, se rencontre aussi dans les rayons branchiostéges, ainsi que l'indique la fig. 7, où A représente une section transversale et B une section longitudinale, l'une et l'autre à un très faible grossissement.

La structure des apophyses épineuses est à-peu-près la même.

L'examen de quelques os de *Lophius piscatorius* conduit au même résultat, savoir que l'ossification partant du périoste débute par la formation d'un système aréolaire. M. Quekett[*] a déjà donné de très bonnes figures de sections d'une vertèbre d'un jeune individu de cette espèce. Bien que le système aréolaire soit beaucoup plus compliqué, c'est le même type que celui que je viens de décrire pour le *Cyclopterus lumpus*. Dans la fig. 9, Pl. VIII, j'ai représenté une portion de l'os frontal du *Lophius*, dans le voisinage de sa surface. C'est encore le même système d'aréoles, remplies de tissu conjonctif et environnées de lames osseuses. Une section dans la direction longitudinale de ces lames (fig. 10) fait cependant voir que le tissu conjonctif ou interlamellaire finit par s'ossifier. La partie ossifiée (*b*) est composée de fibres à-peu-près parallèles (fig. 11 *b* et 12 à un plus fort grossissement).

Les os du carpe du même poisson se composent pour la majeure partie d'un noyau cartilagineux, recouvert d'une couche très mince d'os formant un simple système d'aréoles prismatiques, sans que la substance interlamellaire se soit ossifiée. Les lames osseuses présentent cependant un aspect fibreux, mais, comme dans les lames osseuses de l'*Orthragoriscus* et du *Cy-*

---

[*] *Catalogue of the histological series contained in the museum of the royal College of Surgeons.* Vol. II, Pl. II, fig 15, 16, 17, 18.

clopterus, cet aspect fibreux est probablement le résultat, non pas de la préexistence de fibres véritables, mais d'une sorte de stratification produite par l'intermittence de l'ossification.

J'avais d'abord cru que la structure de l'os d'autres Gymnodontes ressemblerait le plus à celui de l'*Orthragoriscus.* L'examen du squelette d'un *Tetraodon lunaris* et de celui d'un *Diodon sexmaculatus,* mis à ma disposition par mon ami, M. BLEEKER, prouva le contraire. L'os dans ces poissons est beaucoup plus dur et se rapproche par sa structure de celui de la plupart des Malacoptérygiens. Cependant on y reconnait clairement la même structure aréolaire que dans celui des poissons, dont je viens de décrire la formation osseuse. La figure 13, Pl. VIII, représente un fragment d'une section transversale d'une vertèbre de *Tetraodon.* Le système aréolaire est formé par des lames beaucoup plus épaisses que dans les vertèbres des poissons déjà mentionnés, mais leur disposition générale est la même, et, comme dans le *Lophius* et le *Cyclopterus,* les aréoles sont remplies de tissu conjonctif fibreux.

La substance osseuse, qui compose les vertèbres de *Diodon,* a tout-à-fait la même structure.

Parmi les autres parties du squelette de ces poissons il y en a plusieurs, où l'ossification a fait de plus grands progrès, de sorte qu'aussi la substance interlamellaire s'est transformée en os, contenant des corpuscules osseux de forme différente, selon que les cellules du tissu conjonctif ont pu s'allonger plus ou moins, avant qu'elles fussent emprisonnées dans la substance ossifiante. L'os scapulaire du *Tetraodon,* représenté à deux grossissements divers dans les figures 15 et 16, Pl. VIII, et la clavicule du *Diodon,* dont on voit une section dans la fig. 17, en fournissent des exemples.

Dans tous les cas mentionnés jusqu'ici il faut distinguer la formation des lames, qui constituent les aréoles, de la formation osseuse, qui plus tard peut occuper leurs cavités. Celle-ci est secondaire et peut manquer tout-à-fait, comme cela a lieu dans tous les os qui composent le squelette de l'*Orthragoriscus,* et dans quelques os des autres poissons que nous venons d'examiner. La formation des lames au contraire est primaire. C'est par elles, que l'ostéogénèse débute. Cependant il y a des cas, où elles n'acquièrent certainement leur épaisseur complète, que par une sécrétion osseuse répétée. Lorsque cette épaisseur est notable, comme dans les vertèbres de *Tetraodon,* on peut voir sur une section longitudinale (fig. 14) à un grossissement suffisant,

11

que les lames osseuses se composent de plusieurs couches superposées. Cela s'explique par la présence du tissu conjonctif, qui remplit les aréoles et peut continuer à faire l'office de périoste, dont il est en effet le prolongement intérieur. Il est clair aussi pourquoi les lames osseuses de l'*Orthragoriscus* ne subissent pas un tel épaississement secondaire; c'est que le tissu conjonctif et ses cellules sont absents et remplacés par de l'ostéine pure, qui, bien qu'ayant la même composition chimique que le tissu conjonctif, n'a pas ses propriétés physiologiques.

L'ostéogénèse, telle que nous venons de la décrire, est certainement la plus ordinaire dans l'ordre des Téléostiens. Un examen superficiel suffit souvent pour faire reconnaître, surtout dans les os plats, la présence d'un système aréolaire, quoique sa composition puisse subir plusieurs modifications, tant pour l'épaisseur des lames, que pour l'étendue des intervalles interlamellaires et leur distribution plus ou moins régulière. Toujours cependant il existe une connexion évidente entre la direction des aréoles et celle de l'accroissement de l'os. Celles des vertèbres ont toujours une disposition plus ou moins radiée, partant du centre vers la circonférence; il en est de même dans plusieurs os du crâne, dans les opercules etc.; d'autres os, tels que l'hyoïde, les rayons branchiostèges, les côtes etc., ont un système d'aréoles allongées, prismatiques, répondant à l'accroissement en longueur, qui domine dans de tels cas. Cette disposition régulière peut être pourtant plus ou moins masquée par la présence de lames secondaires, réunissant les lames principales, et qui quelquefois ne sont pas complètes, de sorte qu'elles font l'effet de simples ramifications des lames principales (V. les fig. 15 et 17, Pl. VIII). Le nombre primitif de ces dernières peut aussi s'augmenter pendant l'accroissement, lorsque l'os acquiert un certain volume, ainsi que cela se voit dans la fig. 1, Pl. VIII, où en *aa* il existe des lames, qui ne vont pas jusqu'au centre, et qui sont par conséquent de formation nouvelle. Cette augmentation du nombre d'aréoles va sans aucun doute de pair avec une augmentation par division des papilles périostiques, qui sécrètent la substance lamellaire.

Il y a cependant des cas où l'ostéogénèse des poissons est beaucoup plus simple, et ne consiste que dans une formation de couches osseuses successives, sans aucune trace d'aréoles. M. WILLIAMSON [*], auquel on doit un mé-

---

[*] *Philos. Transactions*, 1851, P. II. p. 680.

moire remarquable à plusieurs égards sur l'ostéogénèse des poissons, l'a déjà
décrite pour quelques os du brochet.

L'exemple le plus frappant de cette ossification par des couches simplement additionnées les unes aux autres m'a été fourni par les vertèbres caudales du *Syngnathus acus*. La fig. 4 Pl. V représente une section longitudinale passant par l'axe d'une telle vertèbre à un faible grossissement mais
suffisant pour reconnaître les stries, qui indiquent les limites des couches
osseuses superposées, telles qu'on les voit d'une manière encore plus évidente
sur une section transversale, dont un fragment est représenté à un plus fort
grossissement dans la figure 5. L'absence totale du système aréolaire s'explique dans ce cas ainsi que dans d'autres pareils par l'absence de papilles
périostiques, toute la surface interne du périoste sécernant l'os d'une manière uniforme.

Cependant en d'autres os du même poisson le système aréolaire est plus
ou moins développé. On en voit déjà des traces dans les vertèbres du
tronc, surtout dans leurs apophyses transverses. Dans les os du crâne ce
système est encore plus marqué, ainsi que dans les opercules, où les cavités interlamellaires sont remplies de faisceaux de fibres élastiques (fig. 6.
Pl. V).

En comparant l'ostéogénèse des poissons osseux, telle que nous venons de
la décrire, à celle des autres vertébrés, il paraît au prémier abord qu'elle
en diffère beaucoup. Cependant en y regardant de plus près on voit bientôt que cette différence est plus apparente que réelle. La production de
l'os par le périoste se fait partout par l'intermédiaire des cellules, faisant partie
du tissu conjonctif encore à l'état amorphe. Les recherches bien connues
de SHARPEY, de VIRCHOW, de H. MÜLLER et dernièrement celles de M.
GEGENBAUR ont jeté une vive lumière sur la formation de l'os dans les
vertébrés supérieurs. C'est partout la couche interne du périoste, qui se
constituant en ostéoblastème et en envoyant des prolongements à l'intérieur
par l'intermédiaire des canaux Haversiens, fait l'office de couche généra-
trice de la substance osseuse. Les prolongements du périoste, entrant les
canaux Haversiens déjà existants ou les cavités qui naissent dans le cartilage qui s'ossifie, peuvent être considerés comme autant de papilles périostiques, très allongeés et ramifiées.

La question suivante se présente alors: les aréoles dans l'os des poissons, doivent-elles être assimilées aux canaux Haversiens? M. C. Bruch [*], qui a très bien reconnu le système aréolaire des vertèbres du saumon, les considère comme tels, en s'appuyant sur le fait que les lames osseuses, qui constituent les parois des aréoles, sont formées par des couches successives, tout comme le système de lames osseuses concentriques des canaux Haversiens dans les vertébrés supérieurs. En effet je ne doute nullement que dans la plupart des poissons les lames s'épaississent ainsi, et que dans les cas où l'on rencontre dans les os des poissons des canaux Haversiens véritables, ceux-ci ont débuté par être de simples lacunes aréolaires. Cependant on ne saurait considérer les uns et les autres comme tout-à-fait identiques. Les canaux Haversiens sont le siège des vaisseaux sanguins qui pénètrent dans l'intérieur de l'os. Ordinairement les lacunes du système aréolaire des poissons ne contiennent pas des vaisseaux. Les anses capillaires ne s'y rencontrent qu'à une petite distance de la surface extérieure recouverte par le périoste. Les parties intérieures du système aréolaire contiennent, soit — comme dans l'*Orthragoriscus* — de l'ostéine pure avec quelques fibres élastiques, soit du tissu conjonctif avec une quantité plus ou moins grande de fibres élastiques, soit enfin de la substance osseuse, produit de l'ossification du tissu conjonctif, qui l'a précédé. Or puisque les vaisseaux sanguins pénètrent rarement dans l'intérieur de la substance osseuse, les véritables canaux Haversiens doivent toujours être rares dans les os des poissons arrivés à leur état complet, et ils manquent en effet totalement dans la plupart d'entre eux. Mais c'est là une différence graduelle et aucunement essentielle. Elle dépend uniquement du périoste, qui est comme le moule autour duquel la formation de la substance osseuse a lieu. Si sa surface interne ne possède pas de prolongements, la substance osseuse sera simplement disposée en couches successives, ainsi que cela a lieu dans les vertèbres caudales du *Syngnathus*. S'il existe de petits mamelons à sa surface, des papilles peu élevées, l'ossification se fait autour d'elles et débute par la production de lames, qui constituent les parois des cavités d'un système aréolaire. C'est ce qui a lieu ordinairement dans les poissons osseux. Si les papilles s'allongent en se ramifiant en même temps, ce système aréolaire devient beaucoup plus compliqué et finit par donner naissance aux canaux Haversiens. C'est le cas, rare pour les poissons, mais ordinaire pour les autres classes de vertébrés.

---

[*] *Vergleichende Anatomie des Rheinlachses.* Mainz, 1861. pag. 63.

EXPLICATION DES FIGURES.

PLANCHE I.

L'*Orthragoriscus Ozodura* à $\frac{1}{8}$ de sa grandeur véritable.

PLANCHE II.

Fig. 1. Le même, vu de face, montrant l'asymétrie de l'emplacement des yeux et des nageoires pectorales.

" 2. *Orthragoriscus oblongus* très jeune, trouvé dans l'estomac d'un thon. Grandeur naturelle.

" 3. Appareil branchial, vu du côté interne, après que les arcs branchiaux ont été enlevés, à $\frac{1}{2}$ de la grandeur naturelle.

    a Os hyoïde; *b b b b b* rayons branchiostèges; *cc* sac branchial ouvert; *d* fentes branchiales internes; *e* les quatres branchies complètes; les lames branchiales sont vues par leur face dorsale; *f* branchie accessoire.

" 4. Petite portion d'une branchie composée de quelques couples de lames branchiales, vues de leur face dorsale, après l'enlèvement de l'arc branchial. Grandeur naturelle.

    Les ligaments transversaux occupent le milieu.

" 5. Couple de lames branchiales, vues du côté de la section. Grandeur naturelle.

    a Section de l'arc branchial; *b b* lames branchiales; *c* muscles adducteurs; *d* veine branchiale; *e* vaisseau lymphatique; *f* artère branchiale; *g* ligament transversal.

" 6. Petite portion du bord extérieur d'une lame branchiale, vue par la loupe.

PLANCHE III.

Fig. 1. Section verticale du crâne, montrant sa cavité et la situation du cerveau, de la moëlle allongée, et la glande pituitaire. Grandeur naturelle.

    a Glande pituitaire; *b* nerfs optiques; *c* moëlle allongée.

" 2. Le cerveau, vu par sa face dorsale. Grandeur naturelle.

" 3. Le même, vu par sa face ventrale.

" 4. L'organe de l'ouïe du côté gauche; la cavité qui le contient, est ouverte du côté qui regarde la cavité cranienne. Grandeur naturelle.

    a a Piliers osseux; *b* membrane, d'où partent plusieurs ligaments, qui soutiennent le vestibule et les canaux semicirculaires.

" 5. Appareil valvulaire à l'orifice conduisant de l'oreillette au ventricule du coeur, vu de la cavité de ce dernier. Grandeur naturelle.

    a a Les deux grandes valvules, postérieure et antérieure; *b* la valvule du côté droit; *c* et *d* les valvules du côté gauche.

" 6. Appareil valvulaire à l'origine du bulbe artériel. Grandeur naturelle.

    A Les quatre valvules vues de la cavité du ventricule.

    B Les mêmes après que le bulbe et le ventricule ont été ouverts par une section longitudinale et que les parois ont été écartées.

" 7. Rangées de dents pharyngéales. Grandeur naturelle.

PLANCHE IV.

Fig. 1. Section transversale de deux rayons cartilagineux de la nageoire dorsale. Grandeur naturelle.

» 2. Portion d'une telle section, vue à un faible grossissement, montrant les prolongements papilliformes du périchondrium avec leurs vaisseaux sanguins.

» 3. Une petite portion du cartilage, vu à un grossissement de 300 fois.

» 4. Section longitudinale d'une vertèbre caudale de *Syngnathus acus*, à un grossissement de 30 fois, montrant la paroi osseuse et les restes de la chorde dorsale.

» 5. Petite portion d'une section transversale de la paroi osseuse de la même vertèbre, à un grossissement de 150 fois.

» 6. Petite portion de l'opercule de *Syngnathus acus*, après que la peau en a été enlevée, à un grossissement de 150 fois.

PLANCHE V.

Fig. 1. Section verticale très mince de la portion supérieure du crâne, montrant la distribution des lamelles osseuses. Grandeur naturelle.

a a a a a Périoste extérieur et intérieur; *b b b* prolongements du périoste entre les os divers; *b'* papilles périostiques; *c* ligament nuchal; *d* occipital basilaire; *e* occipital supérieur; *f* occipital latéral; *g* frontal; *h* ethmoïdal.

» 2. Portion de la section de l'os occipital supérieur, à l'endroit *b'* fig. 1, vue à un faible grossissement.

a a Périoste; *b c c c* un de ses prolongements papilliformes, montrant la distribution des vaisseaux sanguins; *d d d* lamelles osseuses, constituant les faisceaux des pyramides aréolaires, à leur naissance des papilles périostiques; *f f* cartilage.

» 3. Petite portion de la même section, vue à un grossissement de 300 fois.

a Cartilage; *b* lamelle osseuse avec les fibres élastiques; *c* portion d'une telle lamelle, que la section a épargnée, vue de sa surface; *d* matière hyaline, contenant des fibres élastiques.

» 4. Section transversale (A) et longitudinale (B) d'un des rayons branchiostèges.

» 5. Petite portion de la section transversale à un grossissement plus fort.

PLANCHE VI.

Fig. 1. Portion d'une section de l'os frontal, prise dans une direction verticale aux lamelles osseuses, montrant la plus grande partie d'un faisceau de pyramides aréolaires et une petite partie d'un autre; l'espace entre les deux faisceaux est rempli de cartilage. Dans quelques-unes des aréoles on voit les fibres élastiques au milieu de la matière hyaline, en d'autres des restes plus ou moins complets des lamelles secondaires ou transversales. Grossissement de 30 fois.

» 2. Une portion du même os coupé parallèlement à la direction des lamelles principales. Même grossissement.

a Cartilage; *b b b* pyramides aréolaires, remplies de matière hyaline; *c c c c* lamelles osseuses principales.

Fig.   3.   Section de l'os sphénoïdal, vue à un faible grossissement.

     a a a a Lamelles osseuses plus épaisses, environnant un certain nombre d'aréoles.

    "   4.   Une petite portion de la même section, à un grossissement de 200 fois, montrant les sections transversales des fibres élastiques, au milieu de la matière hyaline, en *a*.

PLANCHE VII.

Fig.   1.   Deuxième vertèbre dorsale, vue par sa face postérieure, et montrant l'asymétrie de ses diverses parties. Grandeur naturelle.

     a Périoste; *b* paroi osseuse; *c* gaîne hyaline, dans laquelle la substance intervertébrale ou chordale est contenue; *d* sommet de la concavité; *e* arc neural; *f* moëlle.

    "   2.   Section transversale du centre d'une vertèbre caudale. Grandeur naturelle.

     a Périoste; *b* substance osseuse, composée de pyramides aréolaires, dont les sommets se rencontrent au centre.

    "   3.   Portion de la même section, vue à un faible grossissement et à la lumière incidente, sur un fond noir.

    "   4.   Section longitudinale passant par l'axe de deux corps de vertèbres caudales. Grandeur naturelle.

     a a a a Périoste; *b b* concavités des vertèbres; *c c c c* substance osseuse; *d d d d* gaîne biconique et hyaline de la substance intervertébrale ou chordale; *e* substance intervertébrale ou chordale gélatineuse.

    "   5.   Gaîne hyaline de la substance intervertébrale ou chordale isolée. Grandeur naturelle.

    "   6.   Une portion de la même, plissée, vue à un faible grossissement.

    "   7.   Cellules de la substance intervertébrale ou chordale, vues à un grossissement de 80 fois.

    "   8.   Portion d'une des pyramides aréolaires d'une vertèbre, vue à un grossissement de 300 fois.

     a Lame osseuse, coupée longitudinalement; *b* lame, vue de sa surface; *c* matière hyaline.

    "   9.   Portions des lames osseuses, pour montrer leur composition de fibres laissant des intervalles libres. A un grossissement de 800 fois.

     A une des lames les plus épaisses; B une lame moins épaisse.

    "   10.   Pyramide aréolaire à sa naissance du périoste. Grossissement de 50 fois.

     a Mamelon ou papille du périoste; *b* vaisseaux capillaires; *d d* lames osseuses principales; *c* lame transversale, nouvellement formée.

    "   11.   Portion d'une autre papille périostique à un grossissement de 500 fois.

     a Terminaison interne de la papille composée de tissu conjonctif amorphe, à cellules étoilées, d'où naissent les fibres élastiques, longeant les parois des lamelles ou entrant dans la matière hyaline; *b* lamelle osseuse nouvellement formée.

    "   12.   Portion terminale d'une papille périostique, à un grossissement de 600 diamètres.

     a Surface interne de la papille avec des cellules elliptiques; *b* fibre élastique prenant son origine d'une des cellules étoilées.

PLANCHE VIII.

Fig.   1.   Section transversale du centre d'une vertèbre caudale de *Cyclopterus lumpus*, à un grossissement de 7 fois.

     a a Lames nouvellement formées.

Fig. 2. Section longitudinale d'une telle vertèbre, passant par l'axe, au même grossissement.

" 3. Petite portion, plus grossie.

a a Lames osseuses principales; b tissu conjonctif fibreux, contenant des fibres élastiques, remplissant les intervalles; c c lames secondaires.

" 4. Réseau de fibres élastiques, après l'action de l'acide acétique, à un grossissement de 200 fois.

" 5. Portion d'une section transversale de l'os hyoïde du même poisson, montrant son tissu aréolaire, à un grossissement de 100 fois.

a Noyau cartilagineux; b b b lames osseuses.

" 6. Fibres osseuses des lames, à un grossissement de 200 fois.

" 7. A Section transversale d'un rayon branchiostège du même poisson, à un grossissement de 7 fois, montrant les lames osseuses constituant des aréoles, remplies de tissu conjonctif, qui est en connexion immédiate avec le périoste extérieur.

" " B Section longitudinale du même. Même grossissement.

a a a a Lames osseuses.

" 8. Fibres osseuses, constituant les lames, à un grossissement de 300 fois.

" 9. Section de l'os frontal de *Lophius piscatorius*, à un grossissement de 15 diamètres. Les intervalles entre les lamelles osseuses sont remplies de tissu conjonctif fibreux.

" 10. Section du même os, prise dans la direction longitudinale des lames osseuses. Même grossissement.

a Portion où les intervalles entre les lames osseuses sont remplies de tissu conjonctif; b portion, où ces intervalles sont remplis d'un tissu ossifié, à fibres longitudinales.

" 11. Tissu fibreux ossifié (fig. 10 b), à un grossissement de 200 diamètres.

a Lame osseuse primaire; b fibres ossifiées remplissant les intervalles.

" 12. Autre portion de ces fibres ossifiées, où elles ont un cours moins parallèle.

" 13. Portion d'une section transversale d'une vertèbre de *Tetraodon lunaris*, à un grossissement de 60 diamètres. Les intervalles entre les lames sont remplis de tissu conjonctif fibreux.

" 14. Fibres osseuses, constituant les parois des aréoles ou des lames osseuses, à un grossissement de 250.

" 15. Section de l'os scapulaire du même poisson, à un faible grossissement. La substance interlamellaire est ossifiée.

" 16. Petite portion du même, à un grossissement de 300 fois.

a Lame osseuse primaire; b substance interlamellaire ossifiée.

" 17. Section de la clavicule de *Diodon sexmaculatus*, à un grossissement de 300 fois.

a a Lames osseuses primaires; b b substance interlamellaire ossifiée.

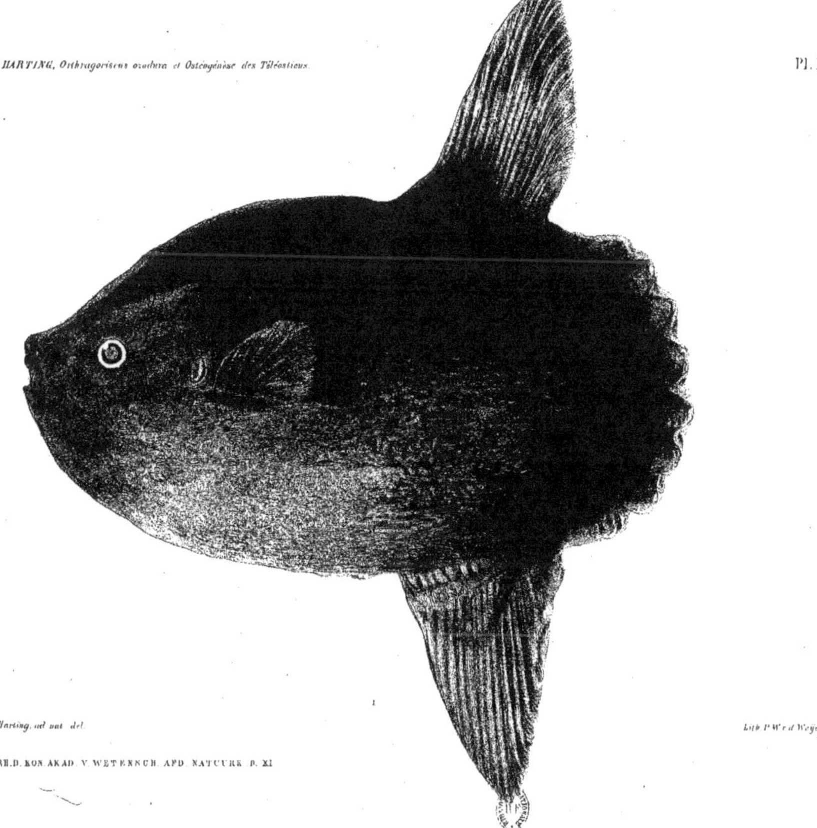

P. Harting, ad nat. del.

Lith. P. W. v. d. Weijer, Utr.

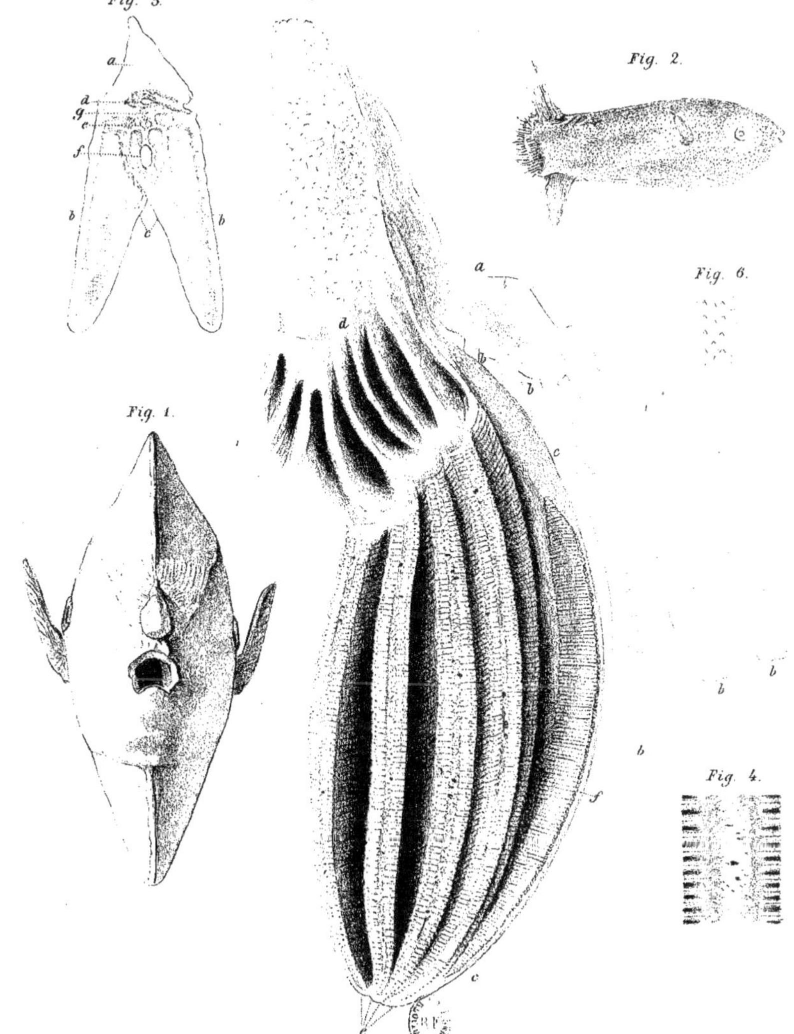

Fig. 5.
Fig. 3.
Fig. 2.
Fig. 6.
Fig. 1.
Fig. 4.

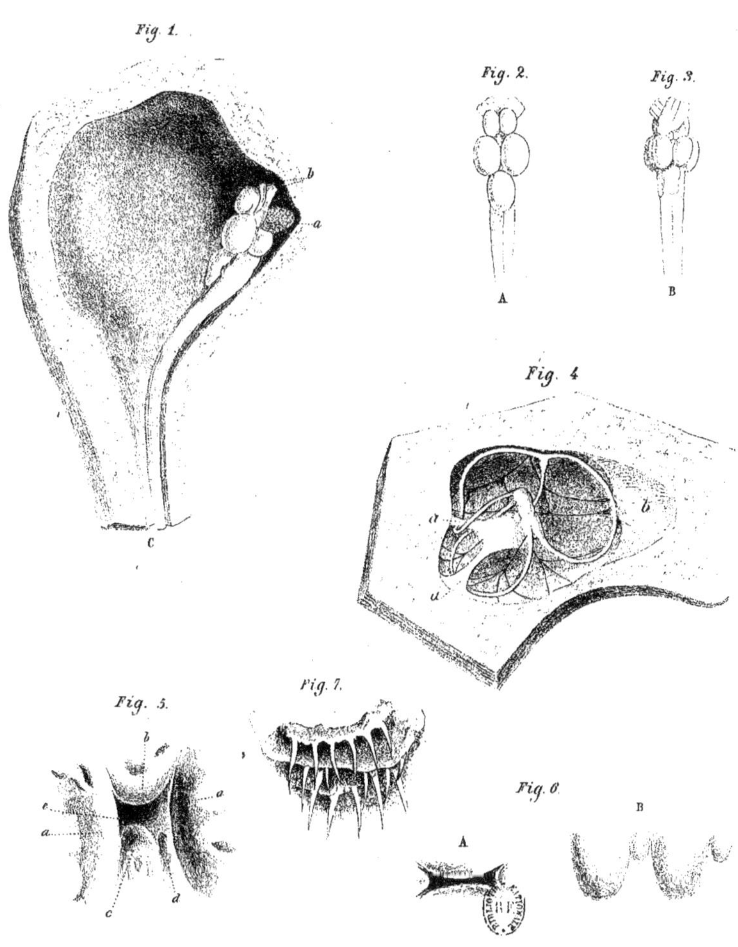

Fig. 1.
Fig. 2.
Fig. 3.
A
B
Fig. 4.
Fig. 5.
Fig. 7.
Fig. 6.
A
B
b
a
c
d
e

Fig. 4.

Fig. 1.

Fig. 6.

Fig. 3.

Fig. 5.

Fig. 2.

P. Harting ad nat. del. Lith. P.W. v. d. Weyer Utr.

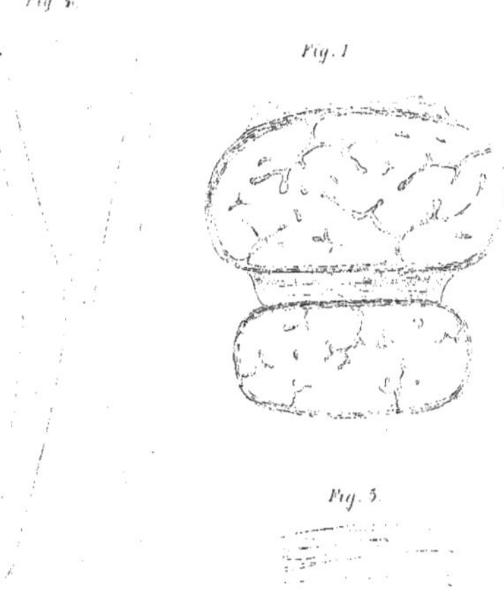

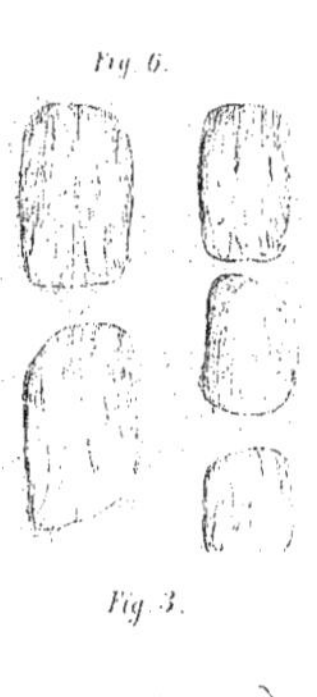

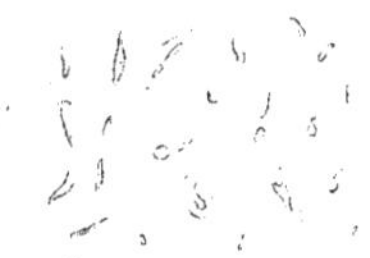

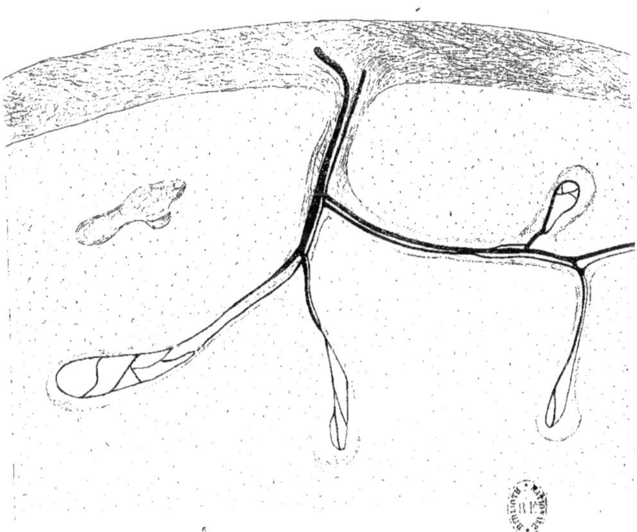

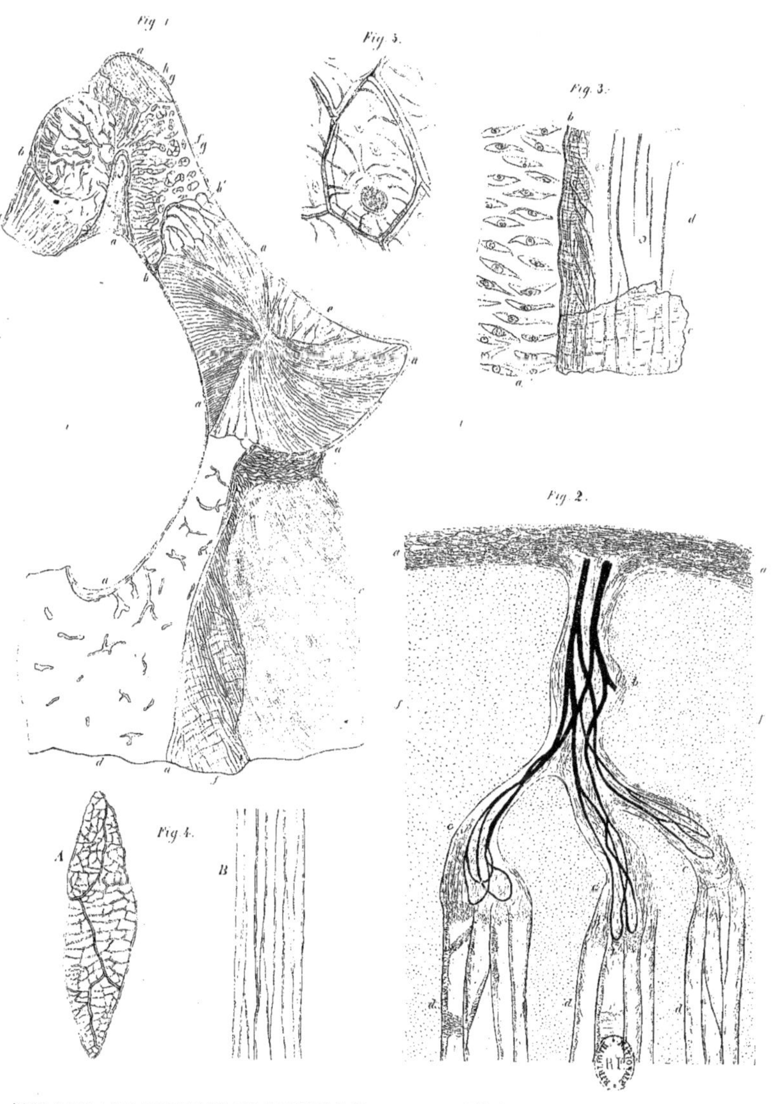

Fig 1.
Fig 5.
Fig 3.
Fig 2.
Fig 4.
A
B

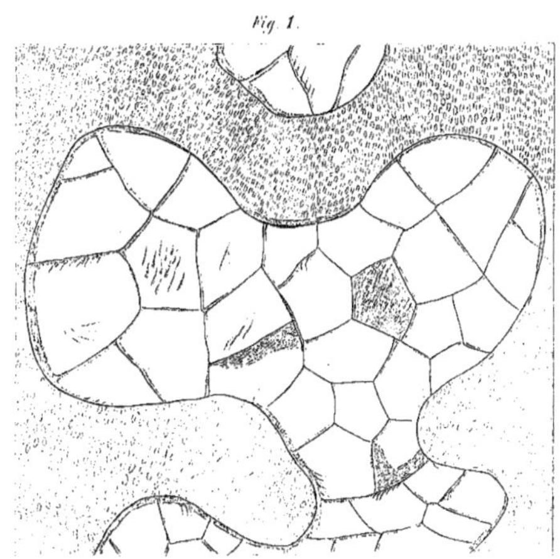

Fig. 1.

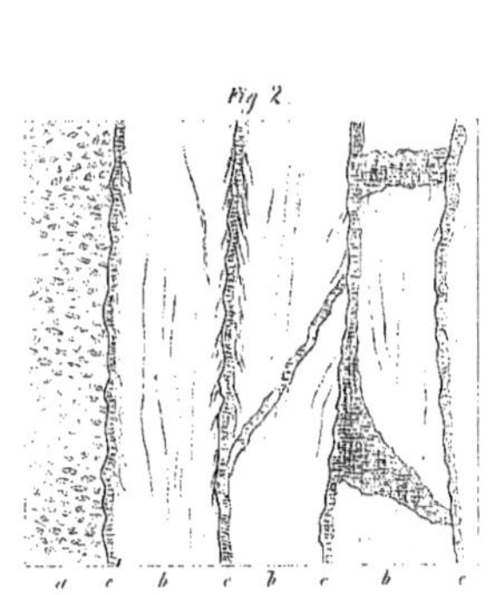

Fig 2.

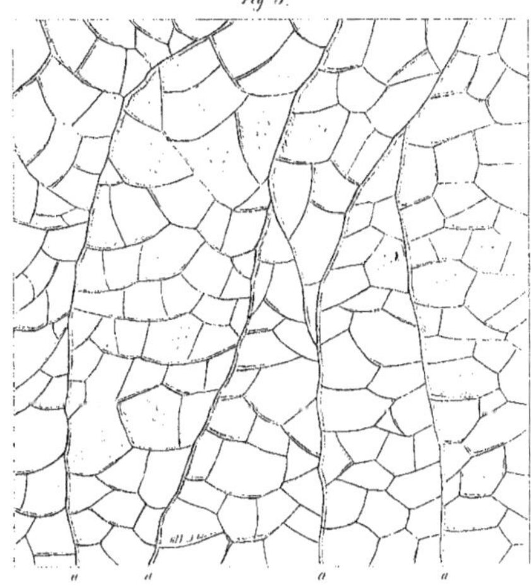

Fig 3.

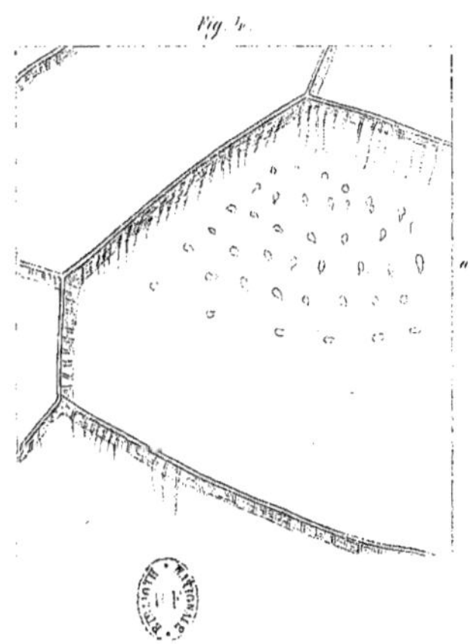

Fig 4.

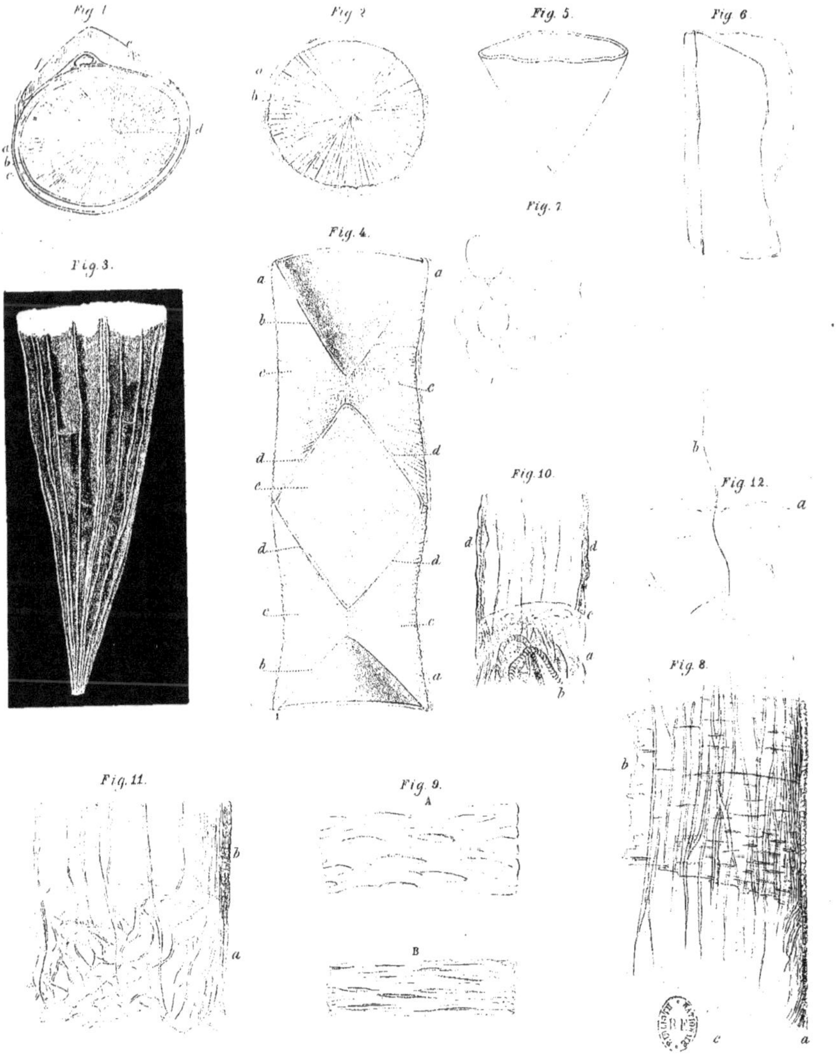

Fig. 1
Fig. 2
Fig. 5.
Fig. 6.
Fig. 7.
Fig. 3.
Fig. 4.
Fig. 10.
Fig. 12.
Fig. 11.
Fig. 9.
Fig. 8.
a
b
c
d
A
B

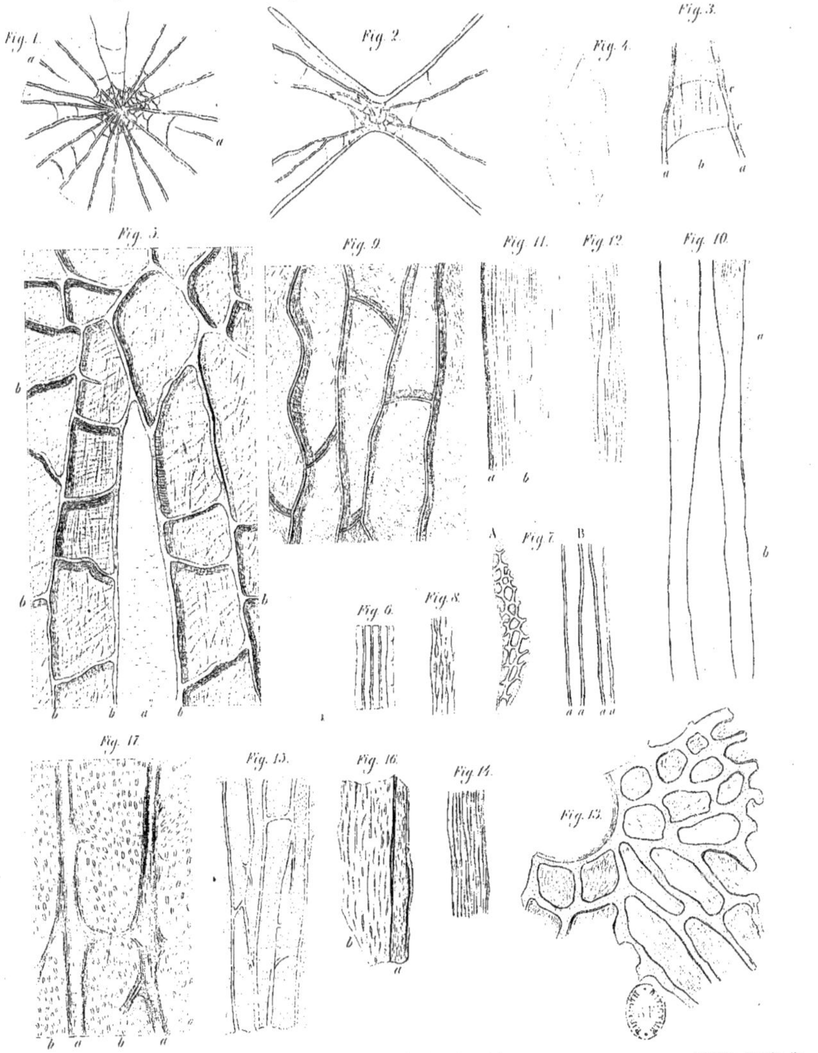

P. HARTING. Orthragoriscus ozodura et Ostéogénèse des Téléostiens.
PL. VIII.
Fig. 1
Fig. 2
Fig. 3
Fig. 4
Fig. 5
Fig. 9
Fig. 11
Fig. 12
Fig. 10
Fig. 6
Fig. 8
A
Fig. 7
B
Fig. 17
Fig. 15
Fig. 16
Fig. 14
Fig. 13
VERH. D. KON. AKAD. V. WETENSCH. AFD. NATUURK. D. XI.
P. Harting ad nat. del
Lith. P. W. v. d. Weyer Ute

IMPRIMERIE DE W. J. DE BONVAL MENUEL.